絵でわかる
宇宙開発の技術

An Illustrated Guide to SpaceTechnologies and behind Engineering

藤井孝藏・並木道義 著
Kozo Fujii　　*Michiyoshi Namiki*

講談社

はじめに

　最近はロケットの打ち上げが必ずライブ中継されます．関係者はもちろんですが，一般の方もみなハラハラ，ドキドキしながら打ち上げカウントダウンを見守っています．この書籍が最終段階に入っていた平成25年（2013年）8月27日，イプシロン初号機が打ち上げ状態に入りました．午後1時45分を予定してカウントダウンまで行きながら，予定19秒前に自動停止となり，打ち上げは延期されました．本書でも紹介しているように，こういったことは過去にもあります．現場は強い緊迫感でいっぱいですが，ロケット打ち上げを見ている方にとっては，この「ハラハラ，ドキドキ感」がたまらない魅力です．「宇宙に行くという挑戦」が夢や希望につながっているという思いが誰にもあるからなのでしょう．

　ほとんどの方が，ロケットの外見はよくご存じだと思います．ときどきに写真が出ますので，衛星もTVや新聞で見たという方は多いと思います．スペースシャトルや宇宙ステーションも同様でしょう．最近はインターネットにたくさんの情報が掲載されていますし，ロケットの打ち上げは常にニュースの対象です．情報自体を手に入れることは難しくありません．ただ，ロケットや衛星

(写真提供:JAXA)

9月14日イプシロン初号機は無事打ち上げられた

は複雑なシステム機器ですから，その背景にある考え方や支えている技術はなかなか伝わりにくいものです．これらを網羅することはとても難しいのですが，本書を眺めていただくことで，背景となる技術を知っていただけたらと考えて本書を準備しました．

　本書は「絵でわかる」シリーズの1冊です．宇宙に関しては写真がとても魅力的で，かつ説得力もあります．「絵でわかる」ことを意識して，できる限りイラストを利用することを目指しましたが，ここはどうしてもというところは写真を使わせていただいています．どちらがよいか，なかなか難しい選択でした．

　本書の構成について述べておきましょう．第1章と第2章は宇宙開発の基本であるロケットと衛星について，特にその構成要素と背景技術を中心に基本的な事項を解説しています．少し脱線気味の節もありますが，それはそれで楽しく読んでいただけたら幸いです．第3章は，衛星を利用という側面から見た話題を集めています．第4章は，探査機や今後のロケットを中心に先端技術やそれを支える技術，新たな話題などを盛り込んでみました．イプシロンやイオンエンジンなども登場します．第5章は少し異色な内容です．JAXAの職員，プロジェクトの意思決定，宇宙開発に関する国の意思決定など，何となくわかっているようで，意外に知られていないことを集めてみました．

　著者らの所属部署の背景もあり，研究者からすると面白いことが多いので，第4章は宇宙科学や探査に多少偏ったかもしれません．いうまでもないことですが，地球観測や測位などの衛星でも新しい技術がたくさん育っています．本書に記載したものがすべてではないことも，ぜひ知っておいていただきたいと思います．いい出したら本当にきりがないほど，これも書けばよかった，あれも書けばよかったと思うことが多々あります．専門書ではないので，完璧に全体を網羅できないことはお許しいただきたいと思います．そのうえで，何節かでも「そうだったのか」と思っていただけるところがあることを祈ります．

2013年9月

　　　　　　　　　　　　　　　　　　　　　　　　藤井孝藏・並木道義

絵でわかる宇宙開発の技術　目次

はじめに　iii

第1章　ロケットを打ち上げる　1

1.1　ロケットと飛行機は飛び方が違う！　1
1.2　ロケットの中を覗く　6
1.3　ロケットの材料に求められること　14
1.4　ロケットの性能は何で決まる？ —比推力と質量比—　18
1.5　ロケットはどうして多段式？　23
1.6　ロケットエンジンの秘密　25
1.7　ロケットを上手に飛ばす —航法と誘導制御—　31
1.8　ロケットの保安距離と音響　36
1.9　ロケットについて計算したら新幹線の課題が解決！　41
1.10　ロケット打ち上げに適した場所　46

第2章　人工衛星の仕組みを知る　52

2.1　人工衛星って何？　52
2.2　人工衛星の形は何で決まる？　54
2.3　衛星の基本的な構成　56
2.4　太陽電池パドル —電力を手に入れる—　58
2.5　電源 —電力を貯める—　62
2.6　通信 —衛星の状態を知る，指令を送る—　67
2.7　姿勢制御 —衛星をコントロールする—　71
2.8　推進系 —飛行を支える—　76
2.9　衛星の内側を見る　78
2.10　人工衛星を作る材料 —使えるもの，使えないもの—　80
2.11　人工衛星を守る —厳しい熱環境への対策—　83

第3章　人工衛星を利用する　87

- 3.1　人工衛星はどのように飛んでいる？　87
- 3.2　目的によって変わる人工衛星の軌道　90
- 3.3　人工衛星のほとんどは地球近傍　96
- 3.4　人工衛星を軌道に入れる　100
- 3.5　衛星の飛翔と軌道の制御　104

第4章　ロケットや人工衛星の将来を考える ―未来を拓く技術―　107

- 4.1　「のぞみ」の悲劇と「はやぶさ」の歓喜　107
- 4.2　太陽系探査とスイングバイ　117
- 4.3　イオンエンジンと「はやぶさ」　121
- 4.4　「はやぶさ」カプセルを支えた研究　124
- 4.5　「はやぶさ」の先を拓くもの ―「IKAROS（イカロス）」とソーラーセイル―　129
- 4.6　「はやぶさ」の先を拓くもの ―火星を飛行機で探査する―　135
- 4.7　イプシロンと今後の基幹ロケット　142
- 4.8　将来輸送機 ―再使用宇宙機とスペースプレーン―　147
- 4.9　民間の宇宙活動　154

第5章　宇宙開発を目指す　164

- 5.1　JAXAで働く　164
- 5.2　JAXAで学ぶ　168
- 5.3　先端を切り開く宇宙科学の仕組み　170
- 5.4　最先端の研究開発成果が産業を拓く　174
- 5.5　日本の宇宙開発と意思決定　177

おわりに　180

索引　182

第1章 ロケットを打ち上げる

1.1 ロケットと飛行機は飛び方が違う！

　ロケットはどうやって飛んでいるのでしょう？
同じように大気中を飛ぶものに飛行機があります．飛行機やロケットも含め大気中を飛ぶ物体は総じて飛翔体と呼ばれますが，ロケットと飛行機は同じ理屈で大気中を飛ぶのでしょうか？

　みなさんになじみが深い飛行機から考えてみましょう．そもそも，何百人もの乗客を乗せた数百トンという金属製の物体が空を飛ぶのは不思議な気もします．図1.1に示すように，飛行機の翼の中は主桁と外板から構成されていて，これをボックス・ビーム構造と呼びます．図にもあるように，翼の中には主桁に加えて，翼の付け根から翼端に向けて形を維持するための多数の小骨が配置されています．このような小骨はリブと呼ばれます．数百トンとはいっても少しでも軽く作る必要があるので，図1.2にあるように，リブは丸い穴だらけになっています．軽量化は空を飛ぶ飛行機でも宇宙に飛び出すロケットでも共通の課題です．

　では，数百トンもの飛行機の機体はどうやって空気中に浮かんでいるのでしょう．実は，大気がこれを支えています（作用・反作用の法則）．飛んでいる飛行機は大気中に下向きの流れを生じさせています．仮に図1.3のように，飛んでいる飛行機を含む領域全体を鳥かごのようなもので囲み，そこにかかる力を秤

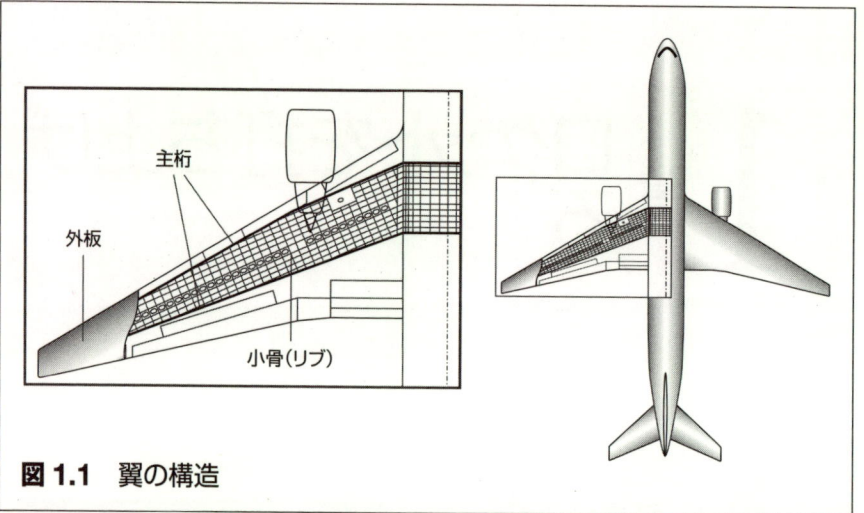

図 1.1 翼の構造

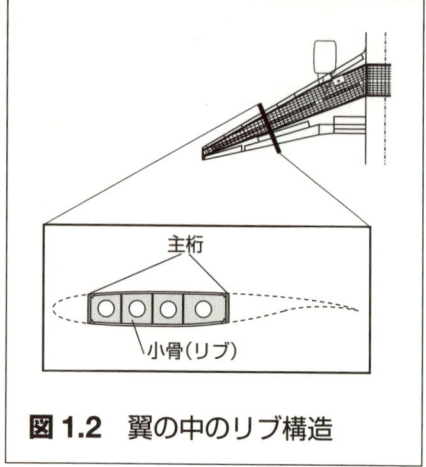

図 1.2 翼の中のリブ構造

で計れたとします．飛んでいる飛行機が作る下向きの空気の流れは鳥かごの下面に当たり，押された空気によって秤の数字は上昇します．実は，鳥かごから空気が外に漏れないとしたら，結果として鳥かごにつけた秤には飛行機の重さ数百トンが表示されることになります．飛行機は周りの空気を下に曲げ，そのおかげで空気から「揚力」をもらって，空気中に「浮いて」いられるのです．揚力は飛行機の飛ぶ速度の2乗に比例するので，速度が0になると飛行機は「浮いて」いられません．

さて，図 1.4 に示すように一定速度で前進している飛行機には，

(1) プロペラやジェットエンジンなど推進機が生み出す力（推力）
(2) 機体に関わる空気抵抗（抗力）
(3) 機体自身の重さ（重力）
(4) 翼付近の空気の流れなどが生み出す上向きの力（揚力）

の4つの力が働き，これらがバランスしていることで，一定速度で飛行しています．厳密には，気流と機体のなす角度により力の方向が変わるため，揚力から生ずる抗力などもあるのですが，簡単な説明としては，一定速度で巡航しているときには，

(1) エンジンの推力と
(2) 機体の空気抵抗
(3) 機体の重さと
(4) 空気から受ける揚力

がそれぞれつりあっていると考えてもよいでしょう．

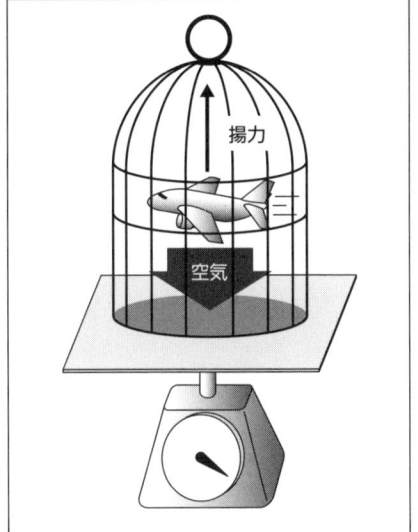

図1.3 大気が飛行機を支えている

ジェット機のエンジンは，ケロシンと呼ばれる燃料とエンジンに入ってくる空気とを混合させて燃焼し，加速された空気を排出することで推力を得ます．プロペラ機は燃焼によってプロペラを回し，空気を加速して推力を得ます．エンジンという作用によって，入ってくる空気を加速することで前進しているわけです．飛行機は，形を「流線型」にして機体の空気抵抗を減らし，それによってエンジンへの負担を軽減化し，航続距離も延ばしてきまし

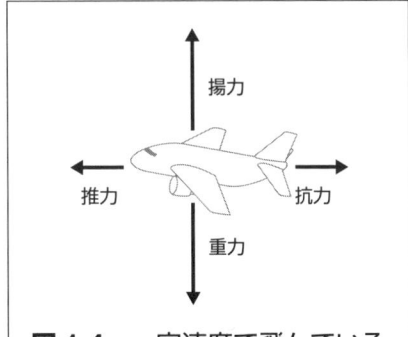

図1.4 一定速度で飛んでいる飛行機にかかる力

た．しかし，今や飛行機の設計では，機体全体が受ける空気抵抗の1万分の1以下の数字を議論する時代に入っています．乗客数人を余計に乗せられるかどうかというレベルの数字です．このように一定速度で飛ぶにはエンジンの推力と空気抵抗とのバランスがとれていればよいですが，加速するときにはそれより大きな推力が求められることになります．

かなり横道に逸れてしまいましたが，飛行機は「前進すること」についても

「空中に浮かぶこと」についても空気の力を利用していることが理解できたかと思います．逆に，空気を利用して飛んでいるのが飛行機だという言い方もできます．空気から受ける力は空気の密度に比例しますので，当然，飛行機は空気のない所を飛べません．大気が次第に薄くなる成層圏では，高度20キロメートルくらいまでなら特殊な飛行機で何とか飛べても，それ以上の高さでは大気密度が低すぎて飛ぶことが大変難しくなります．4.6節で述べる火星探査用航空機の設計が難しいのは火星大気の地表付近での密度が地球上でいうと高度30キロメートルとか40キロメートルとかの密度に相当するからです（**図1.5**）．

さて，ロケットに話を戻します．ロケットの重さも飛行機のそれに劣らず数百トンです．飛行機が上手に空気（大気）を利用しているのと異なり，ロケットにとって大気は邪魔者以外の何者でもありません．実際には，ロケットも角度をもって飛んでいきますが，今は簡単のために垂直に上昇する場合を考えてみましょう．ロケットにかかる力はロケットの推進力（推力）とロケット自身の重さ（自重）の2つからなると考えてよいでしょう（**図1.6**）．大気があるところでは，これに加えて空気抵抗があります．これらのバランスがとれていれば一定速度で飛ぶことになりますが，ロケットは打ち上げ時の速度0から毎秒数キロメートル以上まで加速する必要があります．つまり，自重＋空気抵抗より大きな推進力を出さなければなりません．

ロケットの推進力については別途1.4節で述べますが，ロケットは，飛行機

図1.5 地球上の高層大気は火星の大気と条件が似ている

のように空気を下向きに押す反作用で空気中を上昇するわけではなく，自らのもつ燃料を燃やし，それを勢いよく吹き出すことで推進力を得ています．吹き出される燃料も含めて質量×速度は保存されるという法則（運動量保存の法則）があります．自分のもっている質量の一部分（燃料）を高い速度で吹き出すと，残されたロケットはその分だけ逆向きに力を受けることになります．それがロケットの推進力で，ちょうど空気を入れた風船の口を開けると飛んでいく姿を思い浮かべていただくとよいでしょう．

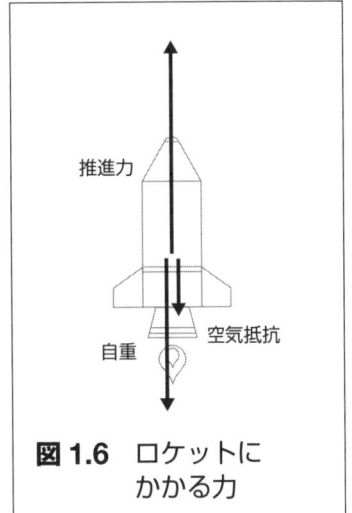

図 1.6　ロケットにかかる力

　ロケットエンジンが大気を利用していないことは，ロケットが高度 100 キロメートルや 200 キロメートル，それ以上高い宇宙空間までも飛べることからもわかります．燃料を「燃やす」には酸素が必要です．空気のない所が活躍の場ですから，必要な酸素は酸化剤としてタンクに入れてもって行ったり，固体燃料に混ぜ込んだりして，燃焼を可能にしています．

　以上，飛行機とロケットにかかる力についてざっとお話ししてきました．「飛行機」は上手に空気の力を利用して飛ぶ飛翔体，「ロケット」は空気と喧嘩をしながら宇宙空間に飛び出していく飛翔体と考えてよいでしょう（図 1.7）．

　もちろん，地球に帰還するスペースシャトルや探査機「はやぶさ」のカプセルなどは少し違います．これらは，機体にかかる空気の力を考えて設計することで，安全にかつ狙った地点に降りてきます．

　せっかく大気があるのに，それを利用することなく，喧嘩して飛んでいく今のロケットは必ずしも合理的とはいえません．大気のある所では空気を上手に利用して飛行機のように飛び，大気が薄くなった所ではロケットエンジンの仕組みを利用して飛ぶといった考え方は合理的です．それがスペースプレーンなどと呼ばれる将来の宇宙輸送機です．ヴァージン・ギャラクティック社（アメリカの宇宙旅行を事業としている会社，4.10 節参照）が開発する「スペースシップワン」や「スペースシップツー」は航空機によって一定高度まで上昇し，そこからロケットプレーンを発射する方式をとっています．一定速度から加速

図1.7 飛行機とロケット

することで自分だけで加速するよりずっと楽になります．これも，できる限り空気の力を利用するという考え方を別の形で実現していることにほかなりません．何度も繰り返して利用できる将来の（再使用）宇宙輸送システムの多くが飛行機のような形をしているのも，このような理由からです．将来の輸送システムについては4.8節で再び考えましょう．

1.2　ロケットの中を覗く

　ロケットの中は一体どうなっているのでしょう．

　最初にロケット全体を見ましょう（**図1.8**）．地球の重力場を脱出するためには高い速度を得ることが必要で，そのためにほとんどのロケットは多段構成となっています（1.5節を参照）．2段式ロケットであれば，1段目のエンジンである程度の高度まで上昇し，それを捨てて2段目のエンジンに着火しさらに上昇，続いてノーズフェアリングが開いて衛星や探査機を分離といった具合です．それぞれにエンジン（後述の固体ロケットの場合は，「モーター」と呼ばれる）をもっているので，高速のジェットを吹き出す円筒形のノズルが尾部についています．

　本当に宇宙に飛ばしたいのはロケット自体ではなく，搭載している衛星や探査機です．これらはペイロード（**payload**）と呼ばれます．ペイロードとは，本

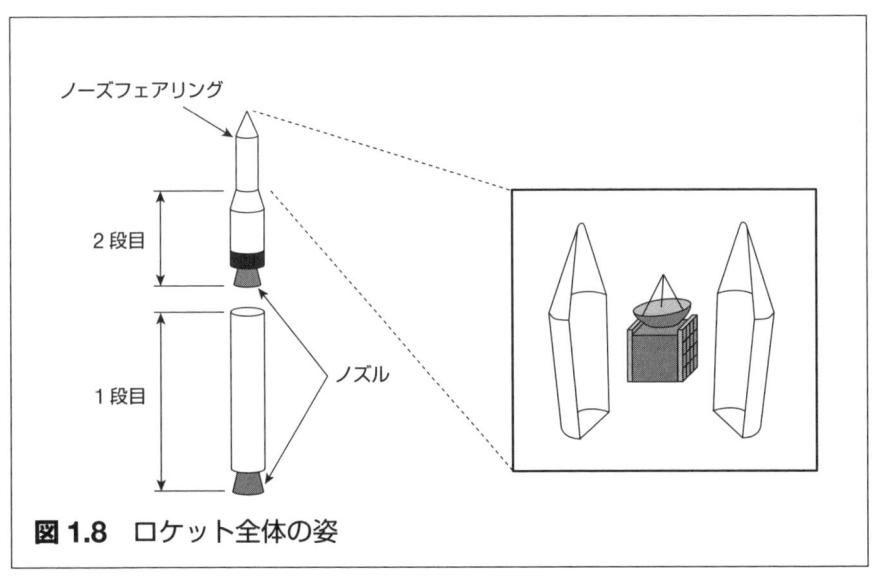

図 1.8 ロケット全体の姿

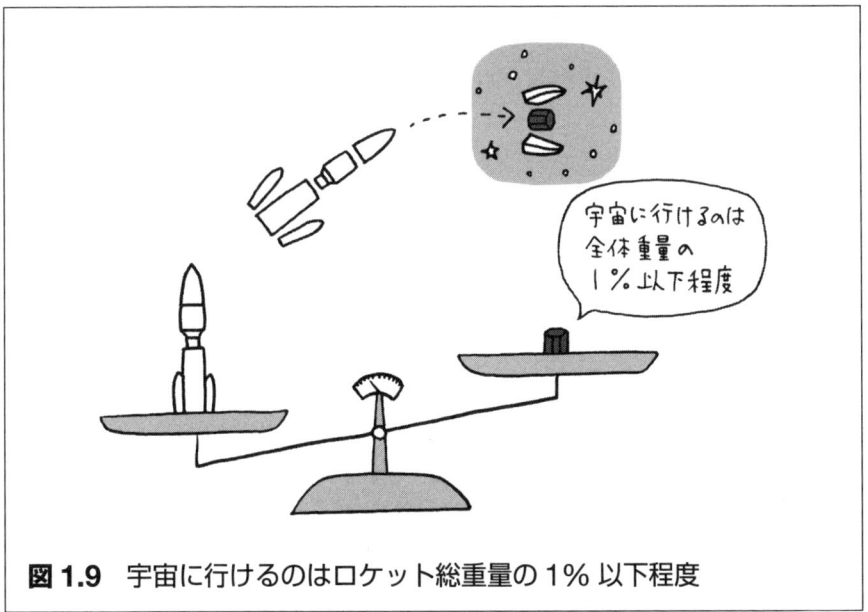

図 1.9 宇宙に行けるのはロケット総重量の 1% 以下程度

来は搭載量を意味する言葉ですが，航空宇宙分野では積載物自体を指すことが一般的です．ペイロードはノーズフェアリングと呼ばれるロケットの頭の部分に収納されています（図 1.8 内拡大部分）．ロケットの重量構成においては，燃

料が全体の80％を占めます．一方，ロケット機体本体も全体の10〜20％程度です．また，ロケットの機体自身はほとんど地上に落下します．結局，実際に宇宙に行けるのはロケット総重量のほんの1％以下程度に過ぎません（**図1.9**）．

図1.8の拡大図部分にあるノーズフェアリングは衛星を保護する役割も果たします．衛星を無事に宇宙に送り届けるため，打ち上げ時や音速通過時に生ずる音響や構造振動，さらに大気中を飛行するときに起こる摩擦熱など環境の急激な変化から衛星を守る役割を担っています．いわば，卵を守る殻の役割です．打ち上げ時の音響はみなさんよくご存じと思います．これについては1.8節でさらに述べたいと思います．当然，熱や振動にも十分耐えるような構造をしていなければなりません．**図1.10**に示すように，ロケットが大気圏外に出ると，ノーズフェアリングは複数に分離して開き（開頭と呼ばれます），衛星がロケットから分離されます．役割を終えたノーズフェアリングは重力によって最終的に海面に落下します．例えば，H-ⅡAロケットのノーズフェアリングには発信機がつけてあり，それを受けて船で回収します．ノーズフェアリングは軽く，海上に浮くので，こういった回収が可能です．

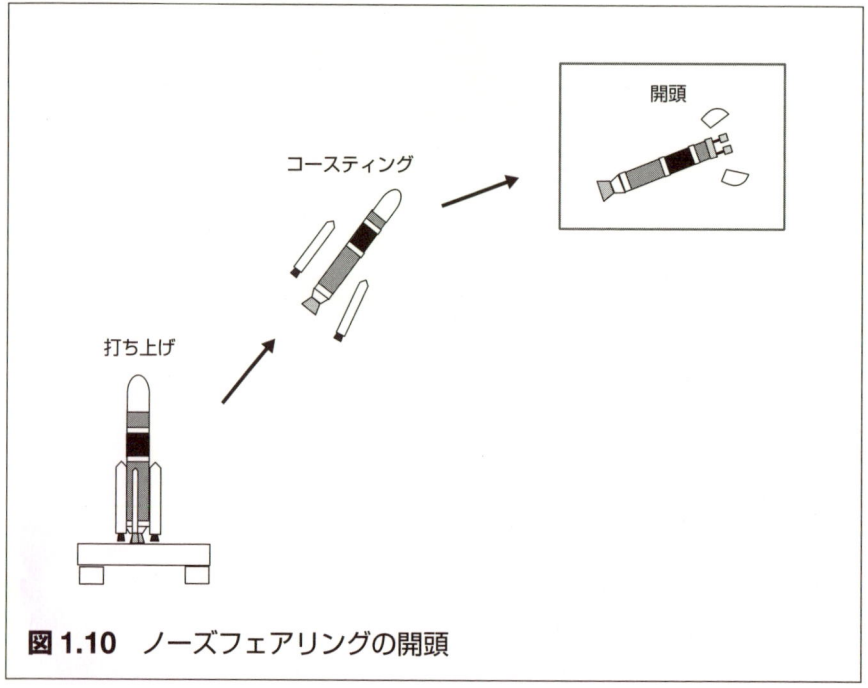

図1.10 ノーズフェアリングの開頭

ノーズフェアリングにはいろいろな仕掛けがあります．頭の部分は空気を切り裂いて進むときに300度以上の高熱になりますから，断熱に注意が払われています．ロケットの上昇とともに，周りの大気の密度や圧力は次第に低下します．ノーズフェアリングの中を地上にあったときと同じように空気が入ったままにしていると，開頭のときに衝撃が発生します．ちょうど，高い山に登って菓子袋を開けようとしたらパンパンに膨れあがってしまっている状況を極端にしたと思ってください．そうならないように，ノーズフェアリングには空気放出のための排気口（ベントホール）が設置されていて，外気との圧力差でノーズフェアリング内の気圧を調節する役割を担っています（**図 1.11**）．

　燃焼したガスを吹き出すノズル部分は**図 1.12**のようになっています．燃焼したガスはスロートと呼ばれるノズルの細い部分で音の速さを超え，開いている部分で音速の数倍まで加速されて噴出します．高速で吹き出すほど性能は上がりますが，上手に設計しないと局所的に高温，高圧の場所ができて破壊につながります．当然，ノズルの形と長さはロケットの推進性能に影響します．また，ノズル内は数千度という高温の燃焼ガスが高速で流れるため冷却などの工夫も必要です．ノズルについては1.7節の後半でさらに述べます．

　次に，ロケットの機体の中を見てみましょう．ロケットは利用する燃料によって，大きく固体ロケットと液体ロケットに分かれます．固体ロケットの代表格

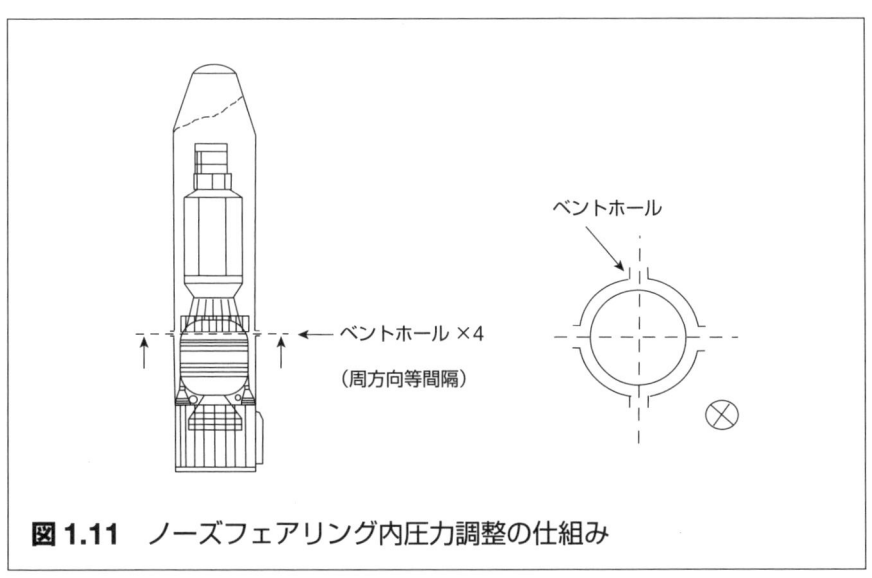

図 1.11　ノーズフェアリング内圧力調整の仕組み

9

は日本が世界に誇るM-Vやその血を引き継いだイプシロンロケットです．この本の出版準備中に無事初号機の打ち上げに成功しました．メインロケット本体ではありませんが，H-IIAなどのロケットには，本体の周りに数本束ねられている補助ロケットブースターがあります．これらも固体燃料を利用しています（図1.13）．固体ロケットは比較的構造が簡単です．図1.14に示すように，ロケット本体は，モーターケース，ケース内に収められる推進剤，この2つの間にあるライナー（断熱材），ノズル，それと点火装置によって構成されています．1.3節でも触れますが，モーターケースはいわばそれ自身が燃焼室になるので，内圧が高く，壁面は厚肉の高張力合金が使われます．最近は，さらなる軽量化が求められており，CFRP（carbon-fiber-reinforced plastic）がすでに利用されています．これについては1.3節でさらに述べましょう．

　液体ロケットは，固体ロケットに比べてかなり複雑です．推進剤タンク（固体の場合はモーターケースが相当）とノズルは固体ロケットと同じですが，まず推進剤を入れるタンクが燃料と酸化剤とで分かれています（図1.15）．次にこれらを混合して燃焼させ，ノズルから吹き出すた

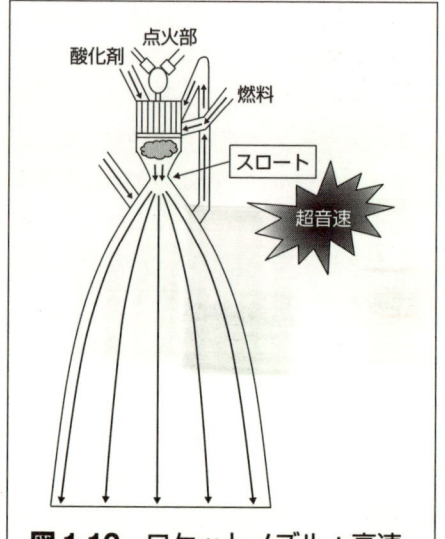

図1.12 ロケットノズル：高速の排気流を作る

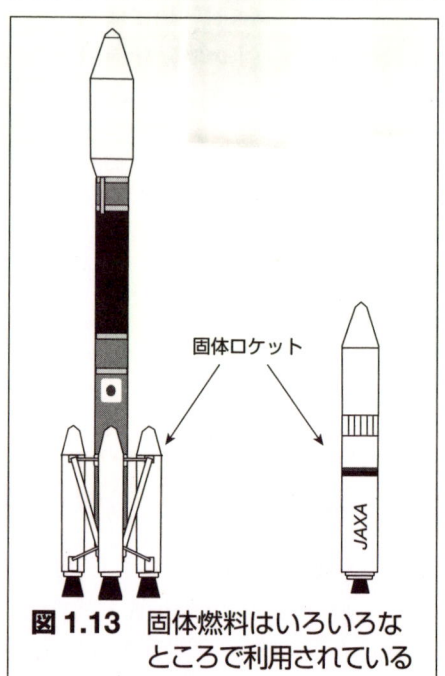

図1.13 固体燃料はいろいろなところで利用されている

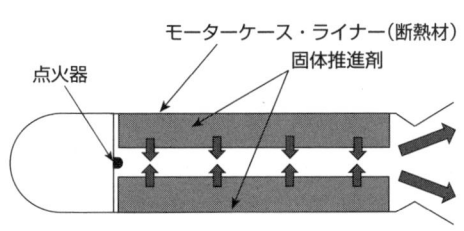

図 1.14 固体ロケットの基本構造

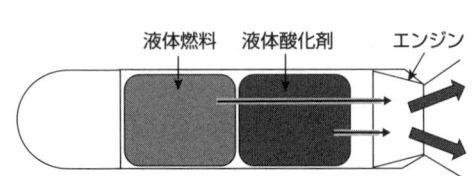

図 1.15 液体ロケットの基本構造

めのエンジンが必要になります．**図 1.16** にあるように，エンジンはとても複雑な機構をしていて，燃料を吹き出すインジェクター，ノズルにつながる燃焼室などからなり，さらにこれらの推進剤を燃焼室に負けないだけの圧力に高めるためのターボポンプや，燃料・酸化剤の流れをコントロールするたくさんのバルブが必要です．H-IIA に利用されているエンジンである LE-7A や LE-5B などの写真（**図 1.17**）からだけでも，その複雑さは容易に理解できます．また，そうであるがゆえにロケットの事故にはエンジントラブルによるものが多く見られます．1999 年に H-II ロケット 8 号機は打ち上げに失敗しました．大規模な原因究明が行われ，次の年の瀬に，深海調査船によってエンジン本体が回収されました．その結果，H-II ロケット 1 段目のエンジンである LE-7 のターボポンプに使われたインデューサ羽根車がキャビテーションという現象のために疲労破壊（繰り返し起こる荷重変化による破壊）したことによる事故だったと明らかになりました．現象面ではよく知られていることでも，状況によって想像を超えることも起きてしまうので，宇宙は注意が必要です．

　液体ロケットは燃焼を制御することが容易で，固体燃料と違っていったん燃

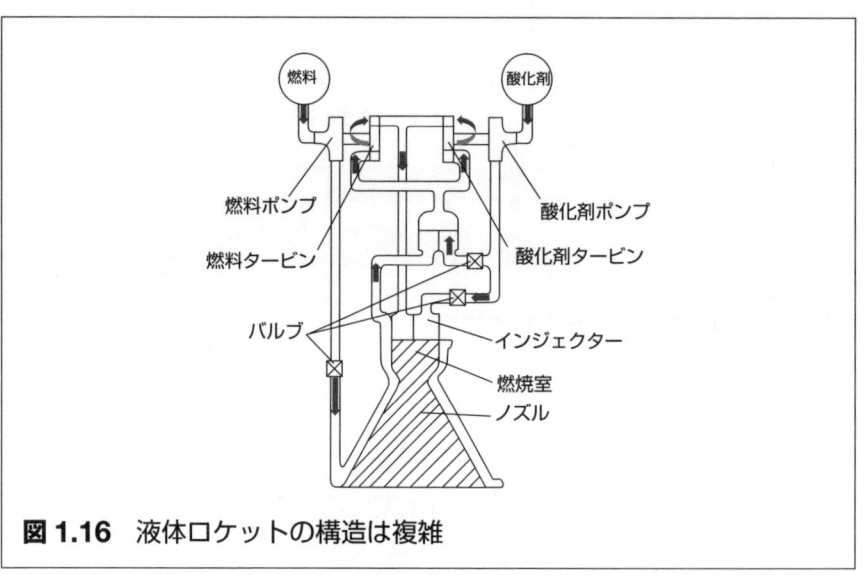

図 1.16 液体ロケットの構造は複雑

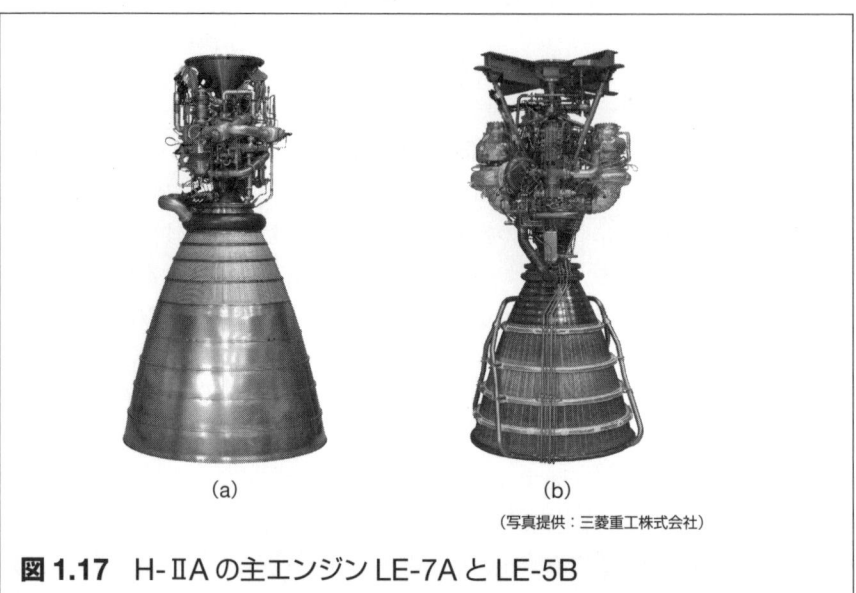

(写真提供：三菱重工株式会社)

図 1.17 H-ⅡA の主エンジン LE-7A と LE-5B

焼を止め，しばらく経ってまた燃焼を開始するといったことができます．一方で，液体水素のマイナス 250 度といった極低温や燃焼室のプラス 3,000 度といった超高温，100 気圧を超える超高圧といった普段の生活では経験しない状

況下で作動させるためにとても複雑なシステムとなっています．複雑な形状になったのは，過去のさまざまな経験によるもので，それはそれで意味のあったことです．ただ，その間にも，材料や機構技術，また解析技術も格段に進歩してきました．時代の変化によって生まれる新しい技術や知識を利用して，将来，もっと単純で高い性能をもつ液体ロケットエンジンが開発されることも目指せるのでしょう．

ここまでロケットがどのような構成になっているかをお話ししてきました．最後に，ロケット外側の構造を見てみましょう．

ロケットは何といっても軽く作らなければなりません．そのため，フェアリングや燃料タンクなどロケットの主要構成部分の外板の厚みは数ミリという薄さです．よくたとえに利用されますが，ジュースのアルミ缶は 0.1 ミリです．厚さと直径との比率で比較してみると，缶ジュース 0.1 ミリ／64 ミリ＝ 0.16％，一方ロケットは（例えば）3 ミリ／4000 ミリ＝ 0.075％となり，相対厚さでは缶ジュースの数分の1です．ロケットの外板の厚さ自体はジュースのアルミ缶の 10 倍以上ではありますが，ロケットの大きさと重量を考えるとその外板がとても薄く作られていることがわかるでしょう．もちろん，外板だけでは弱くて壊れやすいので，例えば**図 1.18** にあるようなアイソグリッドと呼ばれる格子上の形に削り出すことでかかる力に耐えるように作られています．また，ノーズフェアリングなどでは 2 枚の金属や炭素繊維（CFRP）の板の間を**図 1.19** のようなハニカムサンドイッチ構造にすることで強度と剛性を維持しています．段ボールでも波板と並んでハニカム構造が使われているものがありますので，

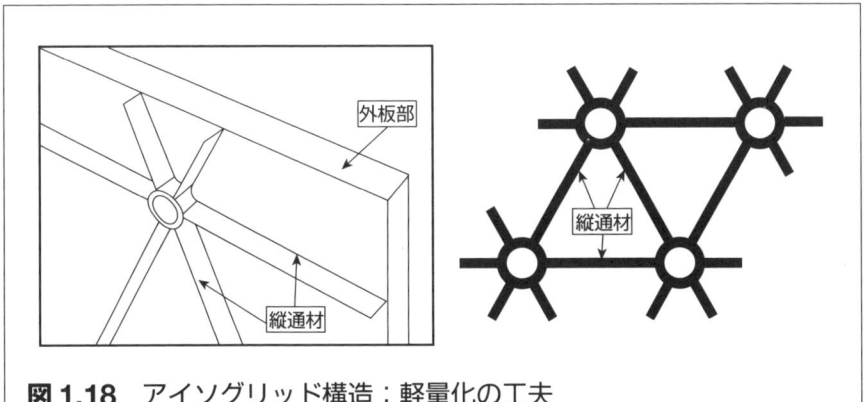

図 1.18 アイソグリッド構造：軽量化の工夫

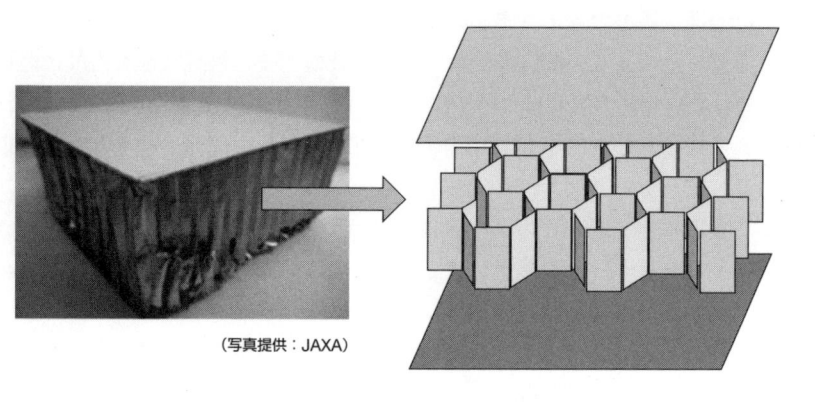

(写真提供：JAXA)

図 1.19 ハニカムサンドイッチ構造：軽量化の工夫

ぜひ一度眺めてみてください．

「はやぶさ」などたくさんの科学衛星や探査機を打ち上げた M-V ロケットの場合，ノーズフェアリングは 3 ミリの CFRP の板 2 枚でアルミハニカム構造を挟んでいますが，全体の重さは約 700 キログラム程度しかありません．JAXA (宇宙航空研究開発機構) 相模原キャンパスに M-V ロケットの実機が展示してあります（後述，図 1.46 参照）．M-V のノーズフェアリングは断熱性向上のためにハニカム構造のさらに外側にコルク材を配していて，そのうえ，搭載の通信機器部分の防水が弱かったため，雨のときに打ち上げることが困難でした．現在，M-V ロケットは展示場所が屋外のため，残念ながらノーズフェアリングは実際のものと異なりますが，その大きさを具体的に実感していただくことはできます．

1.3 ロケットの材料に求められること

ロケットの構造体がどのような材料でできているのかを見る前に，ロケットの構造体にどういった機能が要求されるか考えましょう．第 1 に，

(1) 軽量であること

です．次に

(2) 強度（かかる力に耐えること）と剛性（変形しないこと）

があります．実際には（2）が重要なのですが，強度と剛性は（1）の質量との相対的な関係で考える必要があります．その結果，ロケットの構造材料として最も重要な特性は，比強度（単位質量に対する強度）と比剛性（質量に対する剛性）と表現できます．非常に高速で大気中を飛ぶので空気の摩擦に耐え，また氷や雨などさまざまな気象条件，腐食，衝撃などにも強くなければなりません．そこで

(3) 耐熱性・耐環境性

が挙げられます（**図 1.20**）．その他，価格や加工性といった要素もありますが，大きくいうと，上記の3つと考えてよいでしょう．どれか1つ，もしくは2つを満たす材料は少なくありませんが，3つとも満たす材料は多くはありません．もちろん，基本的な強度を担う構造部材と特定の機能を担う機能部材とでは考え方も異なります．何のために使われるか，すなわちロケットのどの部材に使われるかによって，材料に求められる性質や機能も違ってきます．ただ，要求の度合いに違いがあっても上記の3つの基本要求は共通といえます．

　これで要求はわかりました．では実際にどんな材料が使われているのでしょう．

　ロケットはほとんど金属でできているというのは直感的な理解です．その通りで，液体ロケットの代表である H-ⅡA ロケットを例にとると，すでにお話ししたようにフェアリングにはアルミニウム合金が利用されています．推進剤タンクも同様です．固体ロケットの場合もアルミニウム合金は使われていますが，モーターケースはいわばそれ自身が燃焼室になるので，内圧が高く，壁面には肉厚の高張力合金が使われます．耐熱性という観点でアルミニウム合金よりも優れているニッケル系の合金です．

　航空機の機体が金属から複合材に置き換わりつつあることはご存じだと思います．2000年頃前までは，航空機の構造重量における複合材の占める割合は20%以下でした．エアバス A320 という例外はありますが，ボーイング 777 やエアバス A340 といった民間輸送機の機体では，複合材の占める割合が 10% 前後でした．ところが，2005年頃から複合材の利用が急激に増加しています．例

図 1.20 ロケットの材料に求められること

えば，ボーイング 777 では尾翼への利用だったものが，ボーイング 787 においては主翼にまで複合材が使われ，複合材が占める重量割合は何と 50％程度まで高まっています（**図 1.21**）．東レなど日本の素材メーカーの貢献がとても大きい分野です．

　ロケットにおいても同様です．これまでも，段間部には炭素系複合材料が利用されていましたし，場所によって炭素繊維強化プラスチック，グラファイト，ケブラー（船の帆や防弾チョッキなどに使われるデュポン社の樹脂）なども利用されてきました．固体ロケットにおいても，さらなる軽量化が求められ，モーターケースが次第に複合材に変化しています．すでに M-V ロケットの 3 段目，そしてイプシロンロケットでは炭素繊維強化プラスチック，いわゆる CFRP が主として利用されています（**図 1.22**）．

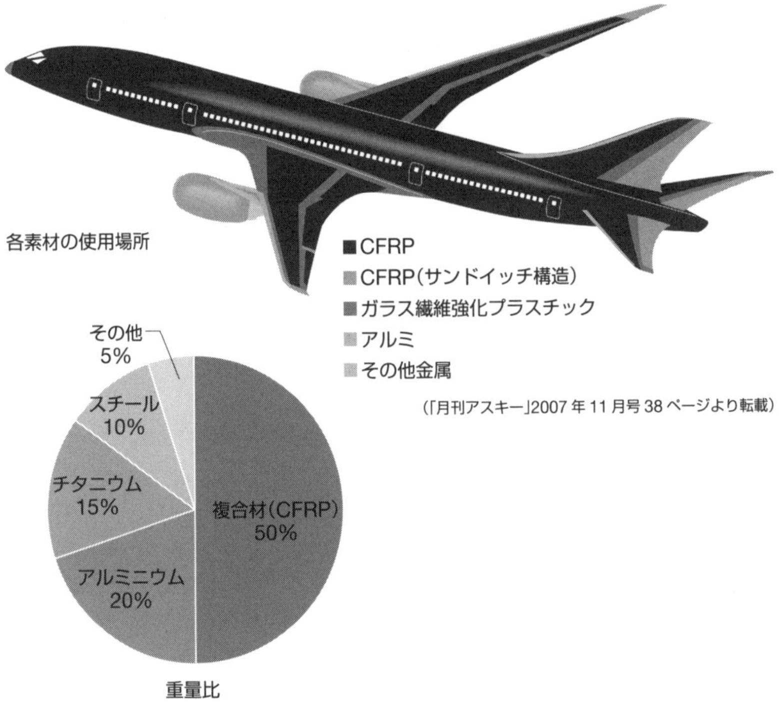

図 1.21 飛行機では複合材利用が増えている（ボーイング 787 の例）

各素材の使用場所
- CFRP
- CFRP（サンドイッチ構造）
- ガラス繊維強化プラスチック
- アルミ
- その他金属

（「月刊アスキー」2007 年 11 月号 38 ページより転載）

重量比
- 複合材（CFRP） 50%
- アルミニウム 20%
- チタニウム 15%
- スチール 10%
- その他 5%

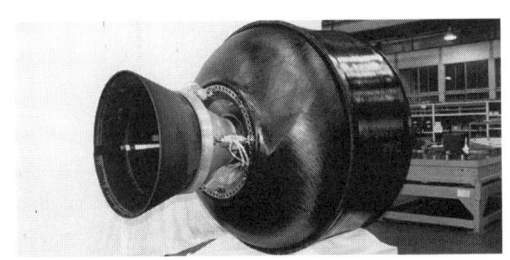

（写真提供：JAXA）

図 1.22 宇宙でも複合材利用が増えはじめた（M-V 3 段目モーターケース：M34）

1.4 ロケットの性能は何で決まる？ —比推力と質量比—

　ロケットにとって空気は邪魔者だといいました．ではロケットはどのようにして飛ぶのでしょうか．よく膨らんだ風船が口を離したときに中にあった空気を吐き出しながら飛んでいくのにたとえられます（**図 1.23**(a)）．岸のそばにあるボートから乗員が岸に飛び移ったときにボート自体がその乗員の動きと逆方向に進むことにもたとえられます（図 1.23(b)）．いずれももっているもの（質量：ここでは空気や岸に飛び移った人）を捨てた分だけ反対向きに進む力を受けています．ロケットは搭載している燃料を燃やし，高速の気流を吐き出すことで，その反動で気流と反対向きに飛んでいきます．よりたくさんの量をより高速で吐き出すことで，ロケットが高い推進力を得られることは何となく想像できるでしょう．

　ロケット性能の議論を少しだけ物理的に考えてみましょう．高校の物理で学ぶことの1つに運動量保存の法則というのがあります．「1つの系に外力が働か

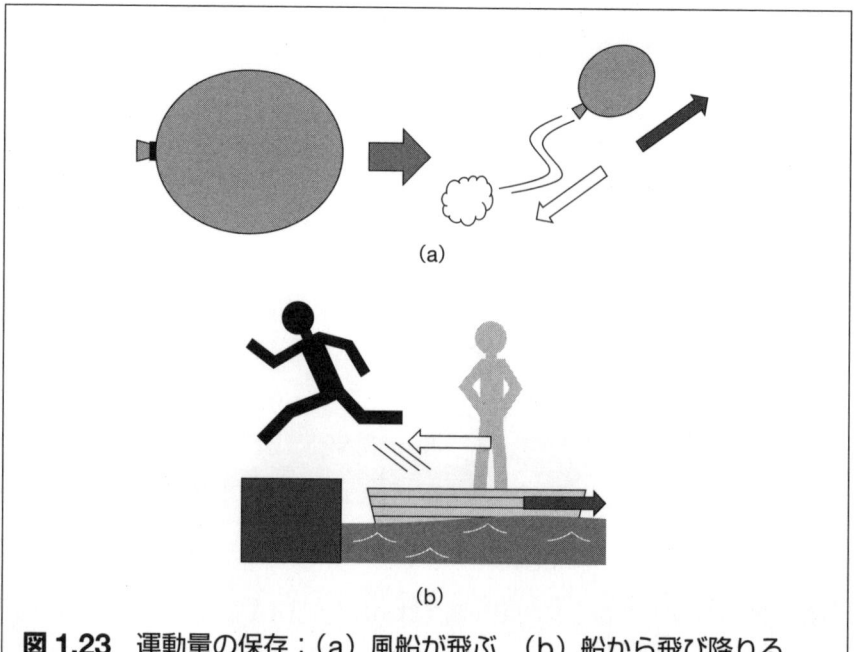

図 1.23 運動量の保存：(a) 風船が飛ぶ　(b) 船から飛び降りる

ないとき，その系の運動量の総和は変化しない」というものです．したがって，吹き出したガスのもつ運動量の分だけロケットは逆向きの運動量を得ることになります．運動量は質量×速度ですので，できるだけ多くの質量を，できるだけ速く吹き出すことでロケットは大きな運動量を得ることができます（**図1.24**）．

　ペットボトルロケットをご存じの方も多いと思います．その作り方もいろいろなホームページに掲載されています．ここではその詳細には触れませんが，基本的にペットボトルロケットはいくつかのペットボトルを切り貼りして作ります．ざっというと，エンジンになるタンクに一定量の水を入れ，自転車用の空気入れでその上部に位置するペットボトル容器の空気を圧縮します．すぐに飛んでいかないように，圧縮された空気の下部には弁（噴射口）がつけられます．ある圧力を超えたら，この弁が開いて下の水が空気に押されて勢いよく下に噴射され，その反動でペットボトルロケットが飛んでいくという仕組みです（**図1.25**）．それまでもっていたものを捨てることで勢いを得るわけですから，上で述べたように，捨てる質量が大きく，速いほど「勢い」を得ることができます．水を使わなくても，弁を開けると風船の口が開いたときのように空気は勢いよく飛び出すでしょう．しかし，質量×速度の問題ですので，風船よりかなり重いペットボトルロケットが受ける「勢い」は小さくなってしまいます．水という大きな質量（重いもの）を吹き出すことで強い「勢い」をもらうことができるという仕組みになっているのです．

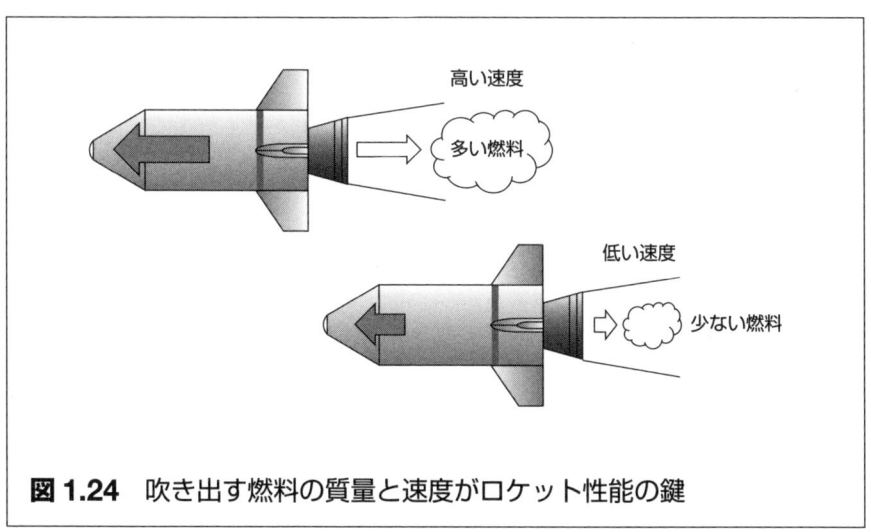

図1.24　吹き出す燃料の質量と速度がロケット性能の鍵

さて，高性能のエンジンやノズルを利用することによって，吹き出し速度を増やすことができます．それについては次節でお話ししましょう．吹き出し質量の効果を示すパラメータとして「比推力」と呼ばれるものがあります．比推力の定義は，

$$比推力 = \frac{推力}{推進剤流量 \times 重力加速度}$$

で，単位は秒になります．単位重量1キログラム（重）の推進剤で単位推力（1ニュートン）を何秒間出し続けられるか（力積＝生み出す運動量変化）の数値なのですが，わかりにくい表現です．例えば，300トンの推力を出せる推進剤を毎秒2トン消費したとすれば，150秒だけ持続できます（比推力150秒）．毎秒1トンの消費だと300秒持続できます（比推力300秒）．ある意味の性能を示す数値ですが，雑な言い方でよければ，車でいう燃費のようなものと考えればよいでしょう．定義からもわかるように，ガスの排気速度は比推力に重力加速度をかけた値になります（**図1.26**）．厳密ではありませんが，比推力のだいたい10倍と考えれば，そのロケットエンジンがどのくらいの速度でガスを吹き出すか計算できます．

余談になりますが，推力が小さくても使う推進剤が少なければ高い比推力をもつエンジンとなることに注意しましょう．衛星の推進系に利用されるイオンエンジンなどは，大きな力は出せませんが，推進剤の消費が少ない推進系です．その結果，持続力があるので，イオンエンジンはとても高い比推力を有しています．

もう1つロケットの性能に大きな影響を与えるパラメータを理解しておきましょう．吹き出すジェットの質量は搭載推進剤で決まってしまいますが，それを受けるロケット側の質量が小さければ，より大きな速度を得ることができます．ロケット全体重量 W_0 とそこから推進剤（燃料）分を引いた重量（燃料を使い切ったときの重量）W_1 の相対比を質量比 $\mu = W_1/W_0$ と呼びます（ときとして

図1.25 ペットボトルロケット

逆数をいう場合もあります）．燃料を使い切ったときにロケット自身の重さが全体のどれだけを占めているかの数値です（正確には重量ではなく質量というべきですが，わかりやすさのため重量，もしくは重さと記述しておきます）．多くのロケットで燃料は全体重量の 80〜90% を占めていますから，質量比は 0.2〜0.1 になります．すでに述べたように，ロケットが得る運動量は吹き出したガスの運動量と同じで，運動量＝質量×速度ですから，同じ運動量を得たときには，ロケットが軽ければ軽いほど高い速度を得ることができます．W_1 が相対的に小さい，すなわち質量比が小さい方がロケットの性能は高くなります（**図1.27**）．繰り返しますが，質量比の定義として逆数 $1/\mu$ をいう場合もありますので注意してください．

　以上のように，ロケットの性能は，「質量比が小さいほど，また比推力が大きいほど，燃料を使い終えた後のロケットの速度を大きくできる」とまとめることができます．式で示すと**図1.28**にあるようになりますが，この式はこの事実をはじめて理論的に示した人物にちなんでツィオルコフスキーの公式と呼ばれます．

　V は燃料を燃やし終えたときに到達できるロケットの速度，I_{sp} は比推力，g は重力加速度，μ は質量比です．記したように，W_0 は全燃料を含んだロケット質量，W_1 は燃料が燃え終わった後のロケット質量です．

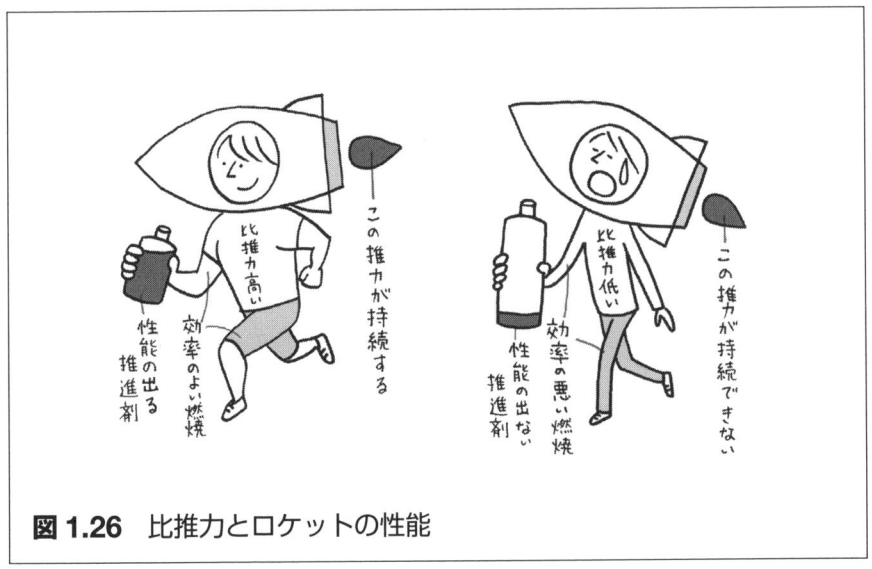

図1.26 比推力とロケットの性能

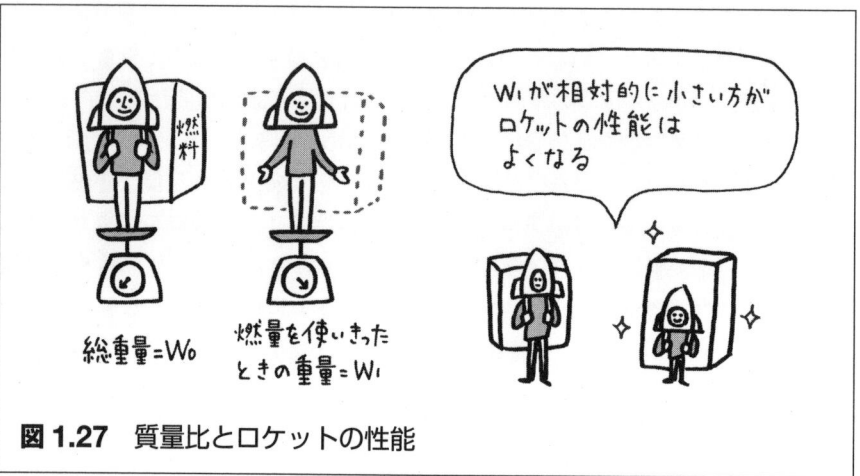

図 1.27 質量比とロケットの性能

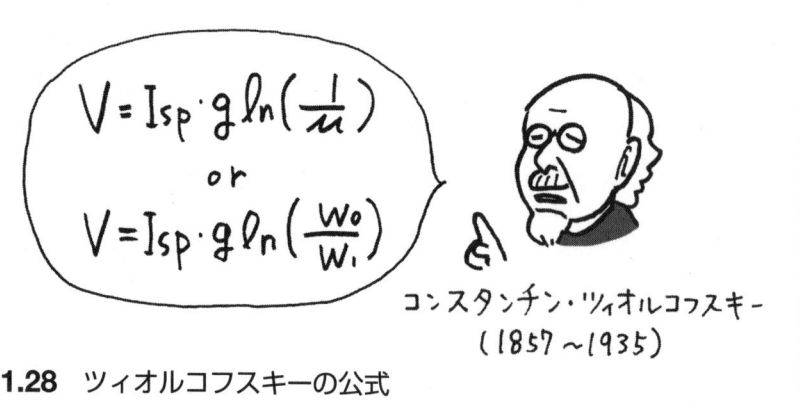

図 1.28 ツィオルコフスキーの公式

　余談になりますが，ロケットは作用・反作用の原理で飛ぶのかといった質問を受けることがあります．1.1節でも書きましたが，ロケットは自らのもつ運動量のバランスによって自らが吹き出した燃料の流れ（ジェット）の分だけの推力を得ています．飛行機のように大気（空気）の反作用を利用しているわけではありません．ただ，これは燃料を含んだロケットを1つの系と考えて，その系と，別の系である大気との関係について述べたものです．ロケットを機体と燃料に分けて，それぞれを別の系と考えると，吹き出した燃料分の反作用で機体が推力を得ているといういい方も可能です．ペットボトルロケットでいうと，運動量の保存則に従って，水（自らのもっている質量の一部）を吹き出すと残っ

たロケット本体はその分だけの運動量を得ることで飛びます．一方で，水を除いた部分だけに着目すると，ロケットが吹き出した水の反作用で飛んでいくといういい方で説明することもできるということです．どこまでを1つの系として力のメカニズムを考えるかによって見方が変わるのです．ロケットは，飛行機のように空気に作用して，その反作用で飛んでいるわけではない点だけが唯一はっきりしています．だからこそロケットは空気のない宇宙空間まで飛んでいけるのです．

1.5 ロケットはどうして多段式？

　大型ロケットの多くは何段かのロケットを重ねて打ち上げられます．どうしてでしょうか．

　このアイデアは前節に登場した「ロケットの父」と呼ばれるロシアのツィオルコフスキーによって示されました．人工衛星を地球周回の軌道に乗せるには，重力だけでなく空気の抵抗にも打ち勝って秒速 7.9 キロメートルの速度を達成しなければなりません．さらに地球の重力圏を越えて宇宙に飛び出すには，秒速 11.2 キロメートルが要求されます．現在のロケットで可能な比推力と質量比の組み合わせでは，ペイロードがなくてもこれを実現することは至難の業です．

　そこで考えられたのが，上昇しながら，空になった燃料タンクや下段エンジンなど不要になった質量を捨てていくことでした（**図 1.29**）．捨てることで質量比が下がりますので，到達できる速度はそれだけ上がります．ただ，各段にエンジンが必要になりますし，信頼性もそれだけ低下しますので，結局 2 段から 3 段に分けることが多いのが現状です．この場合，前節に示したロケットが到達できる速度の式は，**図 1.30** のように変わります．

　では，単段式に比べて 2 段式や 3 段式はどのくらい得になるでしょうか．

　1 段目のロケットは 2 段目以上のロケットとペイロード質量も含めて負担しなければなりませんので，この計算は多少面倒なものになります．例えば，同じだけのペイロードを運ぶときに必要なロケット質量として，単段式 359 トンに対して 2 段式 143 トンになることが『ロケット工学』(松尾弘毅監，コロナ社，2001 年) に例として示されています．実際には，各段の質量比もエンジンの比推力も異なりますし，空気抵抗なども考慮して最適な比率に仕立てることが

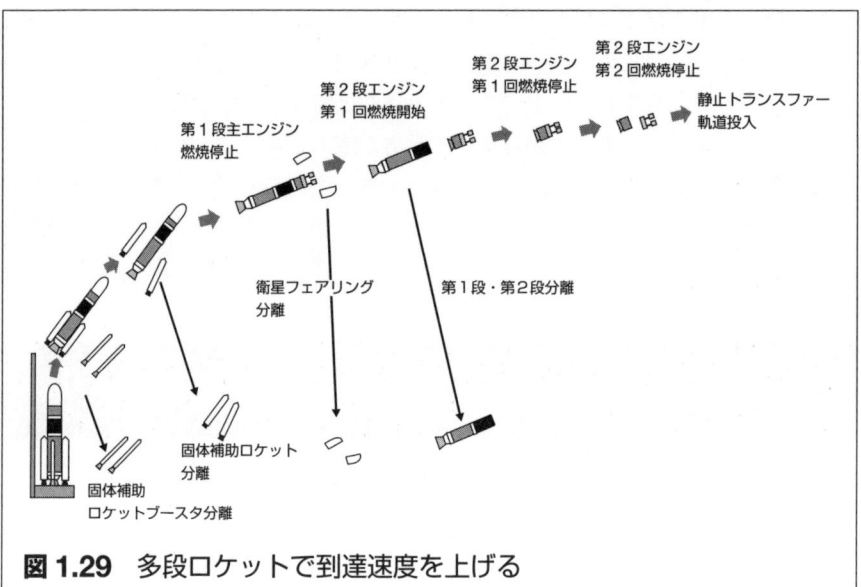

図 1.29 多段ロケットで到達速度を上げる

$$V = I_{sp\,1} g \ln\left(\frac{W_{\text{all}}}{W_1}\right) + I_{sp\,2} g \ln\left(\frac{W_{\text{all}\,1}}{W_2}\right) I_{sp\,3} g \ln\left(\frac{W_{\text{all}\,2}}{W_3}\right)$$

W_{all} ：ロケットの総重量
$W_{\text{all}\,n}$ ：n 段目を切り離した後のロケットの総重量
W_n ：n 段目を使い切ったときの重量
$I_{sp\,n}$ ：n 段目の比推力
※添字 n はロケットの段数（n=1~3）

図 1.30 多段ロケットの到達速度の式

必要になります．また，日本の H-ⅡB のように 1 段目の負担を補うために，複数のエンジンを束ねたクラスタ方式や H-ⅡA でも H-ⅡB でも使われている補助ロケット SRB（Solid Rocket Booster）が使われることも多くあります（**図 1.31（a）**）．アポロ宇宙船を月に運んだサターンⅤは5つの巨大エンジンを束ねたもので，1億6,000万馬力（約1万2,000キロワット）という推力を有す

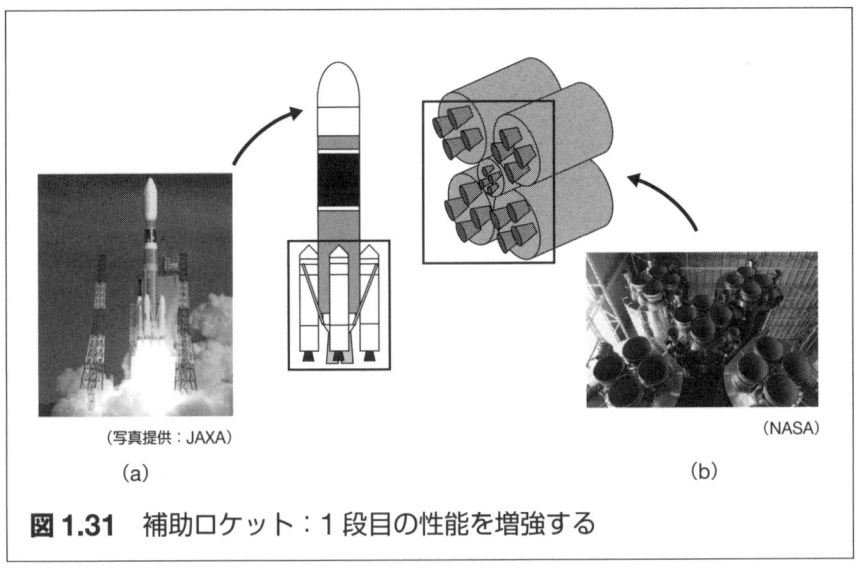

(a)　　　　　　　　　　　　　　　　　　(b)

図 1.31　補助ロケット：1 段目の性能を増強する

る現在でも過去最大の高出力を誇るエンジンです．古川聡宇宙飛行士らが乗ったソユーズも**図 1.31（b）**に示すように 1 段目は多数のノズルを有する 4 つのクラスターエンジンからなっています．

1.6　ロケットエンジンの秘密

　H-ⅡA ロケットの打ち上げ時の様子を**図 1.32** に示します．ロケットの燃料には固体燃料と液体燃料があります．固体燃料（固体推進剤）は，燃料となる合成ゴム（アルミニウム，粘結剤にポリブタジエン）と過塩素酸アンモニウムなどの酸化剤を混ぜ合わせて固めたものです．「はやぶさ」をはじめ，いくつもの科学衛星を打ち上げた M-V ロケットや初号機打ち上げが成功したばかりのイプシロンロケットは，固体燃料を利用するいわゆる固体ロケットです．また，H-ⅡAや H-ⅡB でも推力を補強するために 1 段目のロケットの周りに SRB と呼ばれる固体補助ロケットがついています（**図 1.33**）．ちなみに固体燃料は燃えはじめたら止めることができません．**図 1.34（a）**のように燃料を充填すると，点火直後の燃焼表面積が小さく，次第に燃焼表面積が大きくなって，都合のよい推力の時間変化が得られなくなってしまいます．そこで，例えば断面形状を**図**

図 1.32 H-ⅡA ロケットの打ち上げ （写真提供：JAXA）

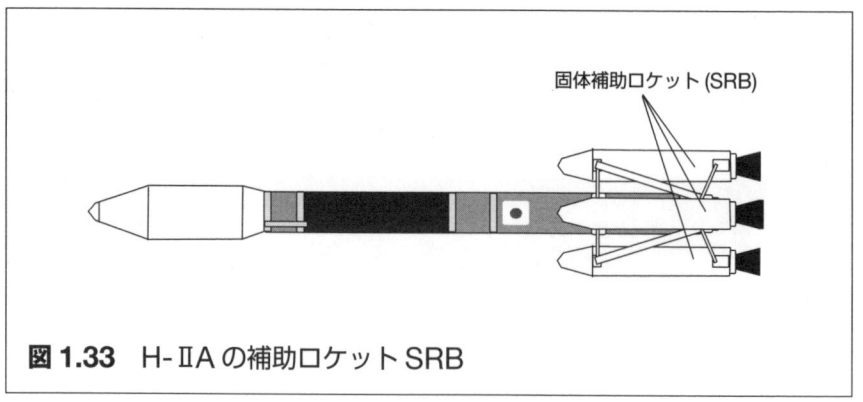

図 1.33 H-ⅡA の補助ロケット SRB

1.34（b）のように工夫することで，燃焼開始時の燃焼面積を確保するとともに点火後の時間経過に対して希望する推力パターンが得られるようにしています．

　固体ロケットの性能を上げるには，燃料を工夫することになります．最近では，固体ロケットと液体ロケットを組み合わせた推進系も登場しています．推進剤に（ポリエチレン系）固体燃料と液体酸化剤を組み合わせたもので，ハイブリッドロケットと呼ばれています（**図 1.35**）．固体ロケットと異なり火薬類

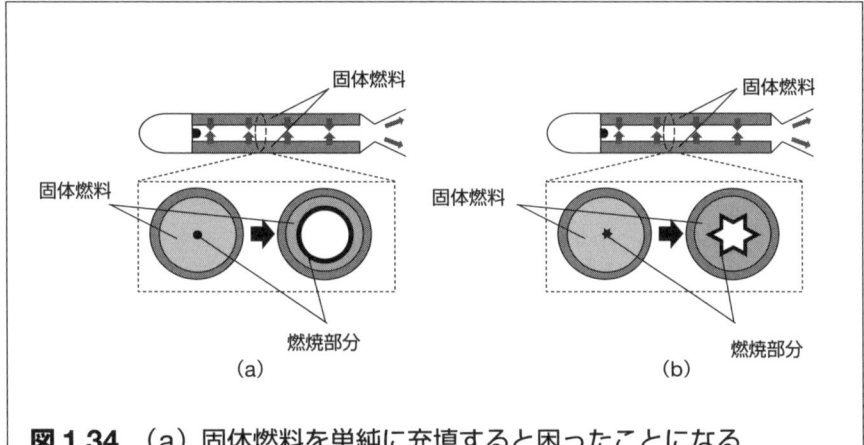

図1.34 （a）固体燃料を単純に充填すると困ったことになる
（b）固体燃料の断面：形状の工夫

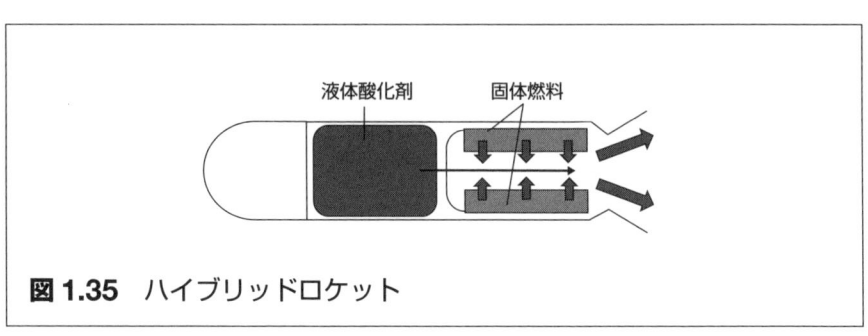

図1.35 ハイブリッドロケット

を使用しないので製造・運用コストを削減でき，しかも，液体燃料を使用しないので危険物取り扱いの必要がなくなります．実は，ロケットのコストにはこういった管理経費が大きく影響しているのです．日本では，NPO法人北海道宇宙科学技術創成センター（HASTIC）が北海道大学などと連携して進めるCAMUIロケットがハイブリッドロケットとして知られています．

　液体ロケットは液体にした燃料と酸化剤のそれぞれをタンクに貯蔵し，燃焼させることで推力を発生させます．燃料には液体水素，ケロシン（灯油），ヒドラジン系の物質なども使われます．酸化剤には，燃料に応じて液体酸素や四酸化二窒素などが使われます．H-IIAロケットは液体水素と液体酸素の組み合わせですので，メインエンジンからはガスバーナーでも見られるような青白い炎

だけが見られます．打ち上げ時に明るく光っているのはアルミナ粒子を含んだ固体燃料の方です．**図1.36**に示すスペースシャトルの打ち上げでもこの違いがはっきりわかります．

液体ロケットの推進系はすでに述べたようにかなり複雑です．推進の基本は，燃料のもっている化学エネルギーを燃焼で熱に変え，熱エネルギーをさらに吹き出すガスの運動エネルギーに変換することだといえます．当然，高い性能を得るためには，上手に燃焼させることが大切で，さらにそのためには推進剤（燃料）と酸化剤（酸素）を適切な比率で混ぜることが

(NASA, SIS-50)

図1.36 スペースシャトルの燃料噴射

必要になります．ガスコンロにきれいな炎が出ている状態を作るようなものと思ってください．それまで液体状態であった推進剤や酸化剤はインジェクターというたくさんの細い噴射器（管）から燃焼室に吹き出されます（図1.12，図1.16参照）．その際，液体酸化剤が足りずに酸素不足でも，燃料が足りず酸素が多すぎてもよくありません．また，混合（よく混ぜること）も大切です．燃焼が起きやすくなるように，細かい霧状にして燃料の表面積を大きくすることや，吹き出した霧状の酸化剤と推進剤が上手に衝突することも燃焼の効率化につながります．すなわち，インジェクターの太さ，本数や向きなども大切で，基礎的な実験や数値シミュレーション，さらに実際のインジェクター試験を通じていろいろな工夫が施されています（**図1.37**）．

高速のガスジェットを生み出さなければならないので，燃焼室は100気圧以上の高圧です．そこに推進剤や酸化剤を噴射するためにはさらに高い圧力でこれを押す必要があります．この役割を担うのがターボポンプです．高い圧力で押す方式には，加圧方式とポンプ方式があります．加圧方式は単純に別のガスを用意して推進剤，酸化剤タンクに高圧をかけるものです．単純ですが，燃焼

(JAXA 相模原キャンパス特別公開 2013 展示資料)

図 1.37 インジェクターの工夫

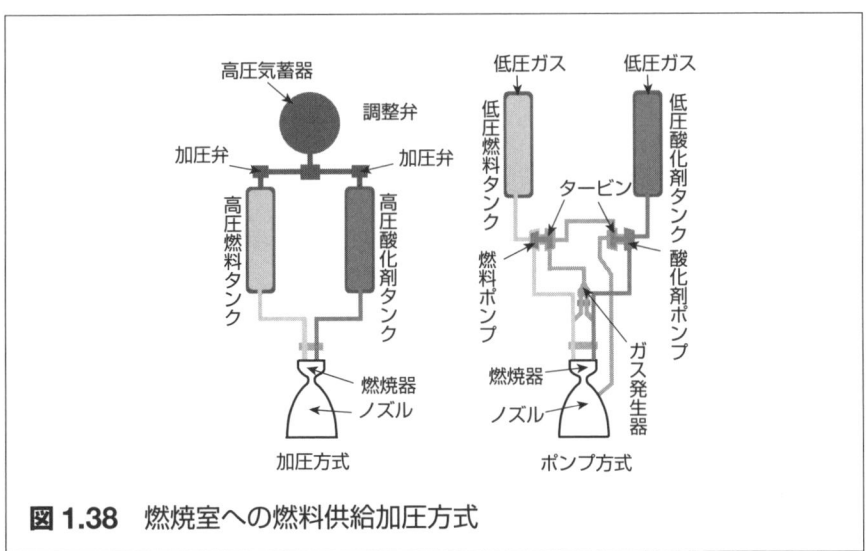

図 1.38 燃焼室への燃料供給加圧方式

室圧以上の高圧が必要なため，逆に燃焼室の圧力を高くすることが困難になります．大型ロケットに使うのは難しいのですが，衛星の推進系など比較的小さな推進系には利用されています（**図 1.38**）．

　ポンプ方式では，推進剤，酸化剤タンクから燃焼室に至る配管の途中にポンプを設置することで加圧します．ポンプはタービンを使って回しますので，このようなポンプをターボポンプといいます．ターボポンプにはいろいろな方式があります．液体水素と液体酸素の一部を予備不完全燃焼させ，そのガスでターボポンプを駆動し，その後，この不完全燃焼で温度もそう高くない推進剤と残りの酸化剤とを最終的に完全燃焼させることを 2 段燃焼サイクルといいます．

これはH-IIAの1段目の主エンジンLE-7Aで利用されています（**図1.39**）．エンジンの冷却に利用されて膨張し，高温のガスとなった推進剤でターボポンプを駆動する方式は日本が世界に先駆けて実用化した方式で，「エキスパンダーサイクル」と呼ばれます（**図1.40**）．ターボポンプを駆動した推進剤は酸化剤とともに燃焼室に噴射されるため，無駄がありません．この方式は，H-IIAの2段目のエンジンLE-5Bに採用されていますし，JAXAが次期基幹ロケット用エンジンに向けた技術実証を進めているLE-Xエンジンでも採用されています．

ロケットエンジンの燃焼室における燃焼温度は3,000度，4,000度といった高温です．ノズル部分も高い温度にさらされます．燃焼は打ち上げの数分程度の間だけですが，この高温に耐えるようにエンジンを設計しなければなりません．そのために冷却に関するさまざまな工夫が施されています．燃料としての液体水素（−253度）も液体酸素（−183度）も極低温状態です．冷却にこれを使わない手はありません．例えば，燃焼室やノズル外壁に沿う細い管に液体水素を流すことで冷却に利用します．これを再生冷却といいます（**図1.41**）．また液体推進剤をノズル内壁面に流したり，噴射器の一部を壁面付近に向けてフィルム状の流れを作り，壁面の温度上昇を防ぐこともあります．これをフィルム冷却といいます（**図1.42**）．

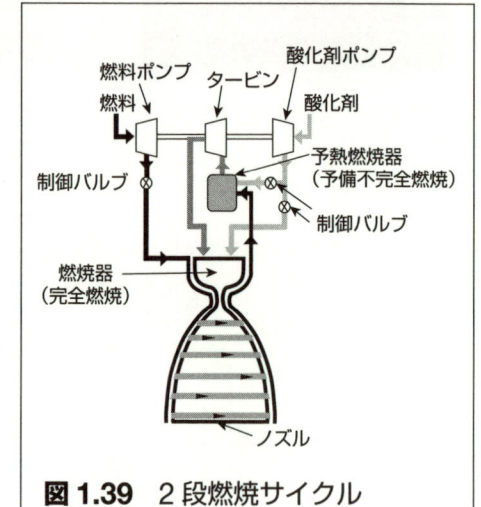

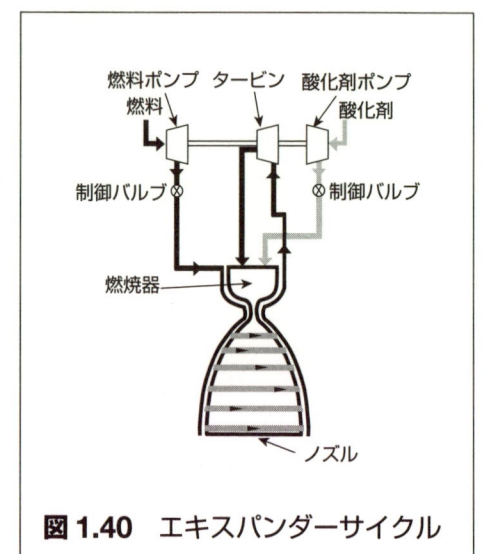

図1.39 2段燃焼サイクル

図1.40 エキスパンダーサイクル

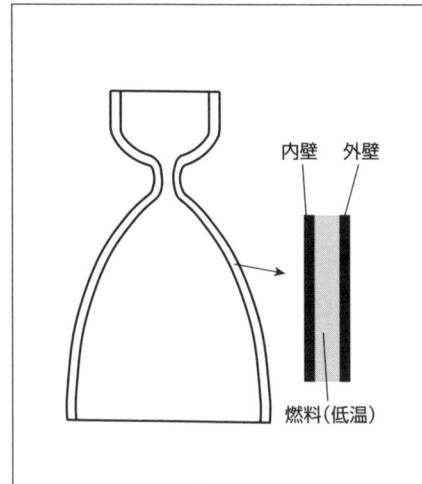

図1.41 ノズル内壁面冷却：再生冷却

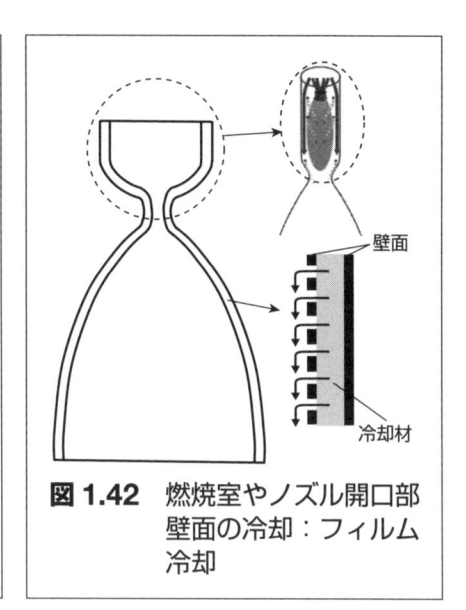

図1.42 燃焼室やノズル開口部壁面の冷却：フィルム冷却

このように，高温，高圧という条件で稼働させなければならないロケットエンジンのシステムはとても複雑なものとなっています．

1.7 ロケットを上手に飛ばす ―航法と誘導制御―

ロケットを希望通りに飛ばすにはどうしたらよいでしょう．

最初に思いつくのは，あらかじめ飛行ルートをプログラムしておき，それに沿って自らを誘導する固定プログラム航法です．第二次大戦中，ドイツによって利用されたV-2ロケットはそのような誘導方式を用いていました．フォン・ブラウンらによって開発されたV-2ロケットは，14メートルほどの長さの液体燃料のロケットで，それまでの固体燃料のイメージを変えた意味で近代ロケットの元祖ともいえます．1942年に大気圏を超え，弾道飛行に成功しました．実際には大気の変動や推力予測の誤差などもありますので，固定プログラム航法は正確性に欠けるものです．次に考えられるのが，地上から電波を利用して「誘導」することです．電波航法と呼ばれるこの方式は，飛行軌道の予定ルートからのずれを地上のレーダーで観測し，電波によって正しい軌道に修正するものです．この方式もレーダーによる捕捉範囲が条件となるため，誘導できる領域

に限度があります（**図1.43 (a)**）．

現在最も広く利用されているのが，慣性航法です（**図1.43 (b)**）．ジャイロと加速度計（あわせて慣性センサーという）を搭載し，プログラムされた軌道へと導きます．ジャイロとは，傾きの角度を測る計測機器，ジャイロスコープまたはジャイロセンサーのことです．ロケットを制御するには，飛翔中のロケットの位置，速度，姿勢を知らなければなりません．雑な言い方かもしれませんが，加速度を積分すると速度，速度を積分すると位置が出せますので，加速度計の情報でロケットの位置がわかります．ロケットの姿勢はジャイロでわかります．この2つの情報によりロケット自らが予定の軌道と実際の状態とのずれを知り，正しい軌道に誘導します．慣性航法は地上との通信を要求しないので，システムが単純で，誘導精度も高くなります．ただ，慣性センサーのトラブルが打ち上げ失敗に直結します．また，慣性センサーの精度に依存し，誤差も次第にたまりますので，GPSなどを併用して修正をかけるといったことが増えてきています（**図1.44**）．

では，実際にどうやってロケットの姿勢などを変えるのでしょうか．1.4節に記した運動量保存の法則の考え方からいえば，ノズルから吹き出すジェット噴流の向きを変えればロケットの進む向きも変わります．V-2ロケットでは，ロ

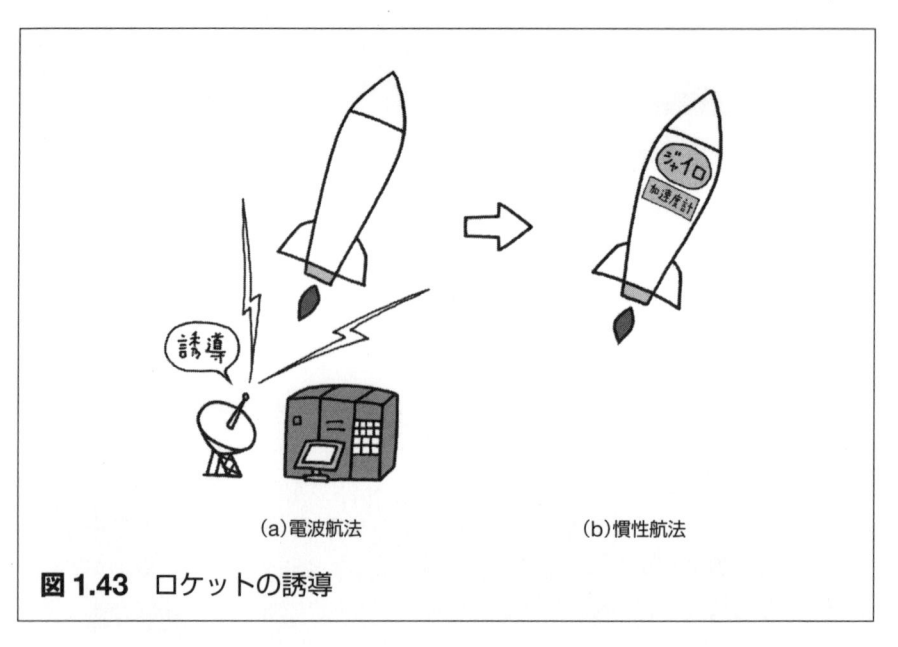

図1.43 ロケットの誘導
(a)電波航法　　(b)慣性航法

ケットノズルの中に推力偏向板を入れて噴流の向きを変えていました．偏向板方式といいます（図 1.45(a)）．宇宙科学研究所がある JAXA 相模原キャンパスには，野外展示スペースに M-3SⅡ と M-V の2つのロケットが並んでいます（図 1.46）．M-3SⅡ には尾翼がついていますが，M-V にはありません．M-3SⅡ は尾翼による空気力によって方向を安定化させる空気翼方式を用いていました．「ロケット」というと通常この空気翼がついた形がイメージされますので，図 1.45 も含めて本書イラストでも標準的に空気翼をつけた図を利用しています．ただ，この方式は大気があるところでしか機能しません．M-V や H-ⅡA なども含めて多くのロケットが現在採用している方式が，エンジンの首を振らせる推力偏向方式です（図 1.45(b)）．液体ロケットでは，エンジン全体をジンバル機構で傾けることにより推力を偏向しますし，固体ロケットでは，油圧や電動アクチュエータでノズルを傾けることにより推力を偏向します．なお，M-3SⅡ でも2本ある補助ロケット（ラムダロケットを転用）は推力偏向ができます．さらに，ノズル内に2次的な噴射をする方式もあります．V-2 ロケットの偏向板方式もその一種といえるでしょう．M-V ロケットをよく見ると，小さな

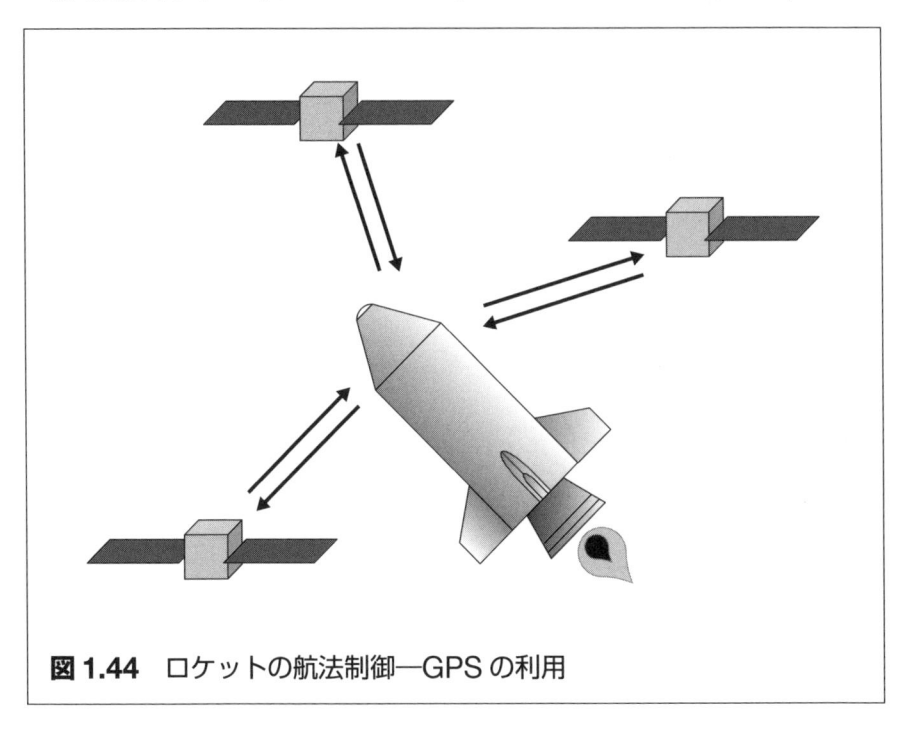

図 1.44 ロケットの航法制御—GPS の利用

(a) (b)

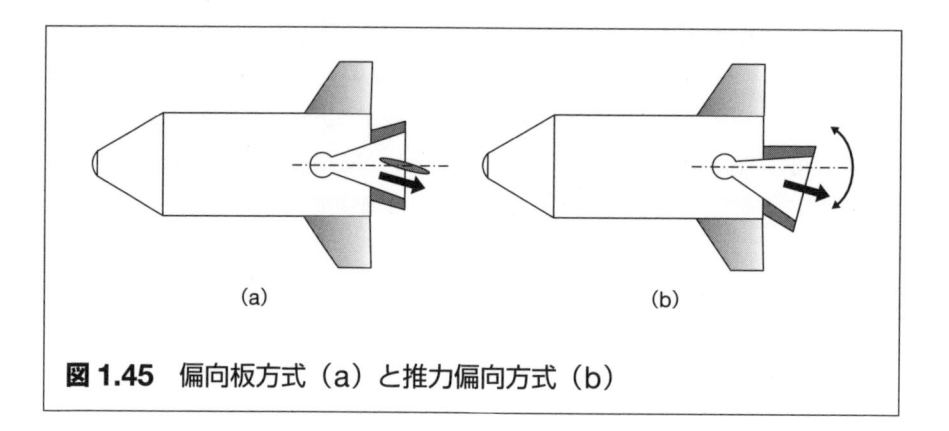

図 1.45 偏向板方式（a）と推力偏向方式（b）

（JAXA宇宙科学研究所藤井孝蔵研究室撮影）

図 1.46 M-3SII と M-V（JAXA相模原キャンパス）

ガスジェットを吹く装置がロケット1段目，2段目の機体についていることに気づきます．これらはロケットのロール（回転）などをコントロールするために補助的につけられた制御機構の1つです（**図1.47**）．

ところで，ロケットノズル（**図1.48**）はなぜベルのような形をしているのでしょう．スロートと呼ばれる一番細い部分から裾に向けて広げているのは燃料の流れ（ジェット）を加速するためです．音の速さを超えたとき，流路が広がると流れは加速されます．ちなみに，音の速さより小さい場合には，逆に流路

を広げると流れは減速します．駅の改札口がつまって流れが悪くなり（速度が遅くなり），出た後は流れがよく（流れが速く）なることはご存じでしょう．人の流れは，狭い所で遅く，広くなると速くなるわけですから，空気でいうと超音速の流れと似ています．とても不思議です．

広がっている理由はわかりました．では真っ直ぐに（円錐状に）広げてはいけないのでしょうか．その方が加工は簡単です．流体力学という専門分野の話になりますが，実は円錐状にするとノズルの特定の壁面に熱や圧力の集中が起きてしまいます．できるだけ急激な圧力や温度の変化がノズル内で起きないように形を工夫した結果，このような形状が設計されているのです．ただ，固体

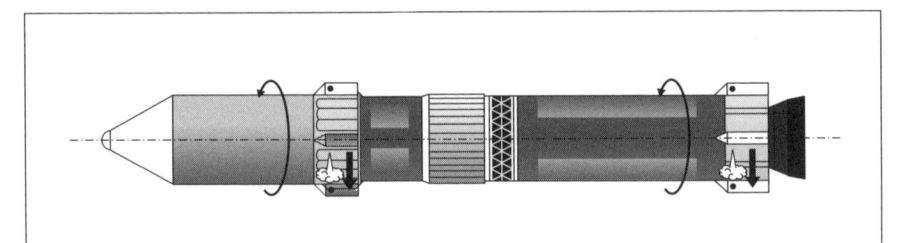

図 1.47 M-V ロケットの姿勢制御

（写真提供：JAXA）

図 1.48 ロケットノズルの形

ロケットノズルではガスと一緒に流れてくるアルミナ粉子による壁面の浸食が大きく、冷却もしていないため単純なコニカル（円錐状）ノズルを使うこともよくあります。

1.8 ロケットの保安距離と音響

1.6節に H-ⅡA 打ち上げ時の写真を示しました（図1.32）。もくもくとあがる白煙と明るく輝くノズル排気流が観測されますが、打ち上げ時に観測できるのは燃焼による光だけではありません。よく知られている通り、かなり遠い場所まで、普段の生活では聞くことのない轟音が響き渡ります。この轟音は実は機械的な音ではなく、ロケットノズルから放出されるノズル排気流（ロケットプルーム）から生まれるものです（図1.49）。ロケットプルームが発する音は、音というより衝撃波に近い強い音響であり、例えば、H-ⅡAロケットの推力800トンを基準にすると、その排気プルームのもつ音響パワーは約 10^7 ワットと試算されます。音の大きさはデシベル（dB）で表されることが多いですが、このパワーが生み出す音響レベルは直近で190デシベルにも達します。家にいてそばの道路を車が走っている程度が60デシベル、電車の中でも特にうるさい地下鉄の車内が80〜100デシベル、飛行機のそばで聞くエンジン音が120デシベルくらいです。デシベルは対数に基づいて計算されますので、値が6増えただけで音の強さ（音響レベル）は2倍になります。20増えると10倍です。それを意識してロケッ

（写真提供：JAXA）

図1.49 ロケットプルーム

トプルームの作る 190 デシベルを考えると，とてつもなく大きな音であることがわかります（**図 1.50**）．

「音」は空気の振動によって伝わりますが，音源となるのはスピーカーのように構造体の振動が空気に伝わることも，風切り音や風の強い日に電線がピーという高い音を立てるような空気自体の振動現象が音を生み出すこともあります．オーケストラでいうと，バイオリンなどの弦楽器やティンパニーなどの打楽器が前者，フルートやトランペットのような管楽器は後者に属します（**図 1.51**）．

さて，プルーム内の流れの速度は音速を超えているため，この時間的変動によって生ずる音は**図 1.52** のように強い指向性をもって伝わります．この強い指向性をもつ音はプルーム音響と呼ばれます．プルーム音響は何キロメートルも先の遠くにいる見学者に衝撃的な轟音をもたらすだけでなく，ロケットフェアリングを通過して搭載している衛星に音響振動と呼ばれる振動を与えます．電子機器など衛星の部品がこのような振動によって故障することのないよう，衛星開発では長時間にわたる音響試験が実施されます．特に大きな表面積を有する衛星の場合には顕著な影響が出ます．

音響振動などロケットが衛星に与える環境条件は，ロケットの機種やロケッ

音圧 [Pa]	大気圧との比	デシベル [dB]	音の例
1.0×10^5	1		
6.3×10^4	6.2×10^{-1}	190	ロケットプルームの音
⋮	⋮	⋮	⋮
2.0×10^2	2.0×10^{-3}	140	飛行機のエンジン音
2.0×10^1	2.0×10^{-4}	120	
2.0×10^0	2.0×10^{-5}	100	工場の中
2.0×10^{-1}	2.0×10^{-6}	80	地下鉄の車内
2.0×10^{-2}	2.0×10^{-7}	60	混雑した町中
2.0×10^{-3}	2.0×10^{-8}	40	普段の会話
2.0×10^{-4}	2.0×10^{-9}	20	深夜の郊外
2.0×10^{-5}	2.0×10^{-10}	0	最小可聴音

図 1.50 ロケット打ち上げ時の轟音，もとは高速の排気流から

ト射点形状によって異なりますので，ロケット射点を工夫することも大切です．NASA（アメリカ航空宇宙局）やESA（欧州宇宙機関）そしてJAXAも40年も前に作られたNASAの半経験的予測式を，それぞれの経験にあわせてチューニングしながら利用してきました．そのため，新しいロケットや新たな射点からの打ち上げなどでは，経験データがないためその予測はとても難しいものとなります．実際にH-ⅡBロケットのときに打ち上げ射点が変わったためJAXAも苦労しました．このときにも，またイプシロンロケットの射点設計などにも，最近はスーパーコンピュータを活用した数値シミュレーションが使われるようになってきました．より物理現象に基づいた新しい予測方法を開発することにより，衛星の音響振動環境を精度よく予測し，衛星打ち上げの信頼性を上げていくことが今後期待されます．

　音響への対策を話すうえで，少しだけプルーム音響現象を話してみましょう．ロケットプルーム内の流れは時間的に大きく変動します．図1.52のシミュレー

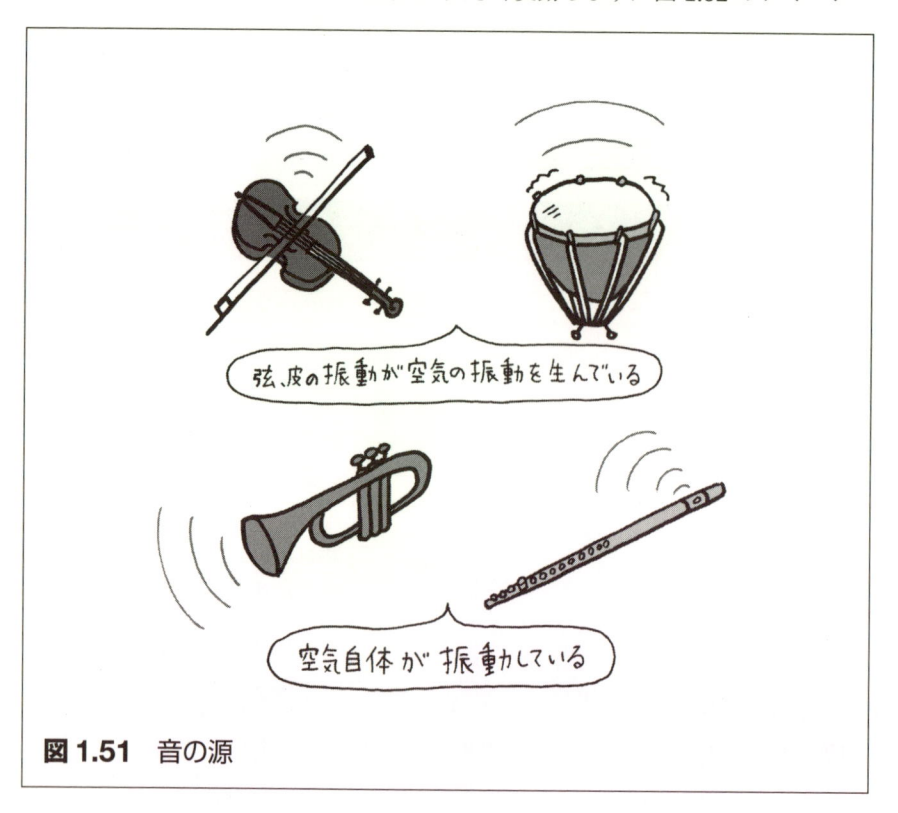

図1.51　音の源

ション結果にあるように、プルームの流れは、しばらくスーッと真っ直ぐに進みますが、ある距離のところから急に大きく変動しはじめます。厳密には違うところがありますが、流れの不安定性という意味では、たばこや線香の煙が最初真っ直ぐ上がっていき、途中から急に乱れはじめるのと同じような現象と考えるとわかりやすいでしょう。強い音響波は、流れの時間的変動から生まれますから、音響波はノズル出口からある程度の距離のところからはじまります（**図 1.53**）。また、音響の指向性はプルーム内の流れの速度でおよそ決まります。このような事実を踏まえたうえで、ロケット打ち上げ射点にはプルーム音響を軽

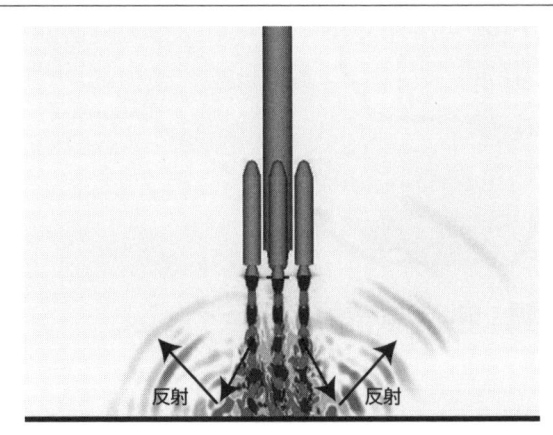

(K.Fujii, "Shock Waves", Vol.18, pp.145-154, 2008 より)

図 1.52 強い指向性をもつプルーム音響

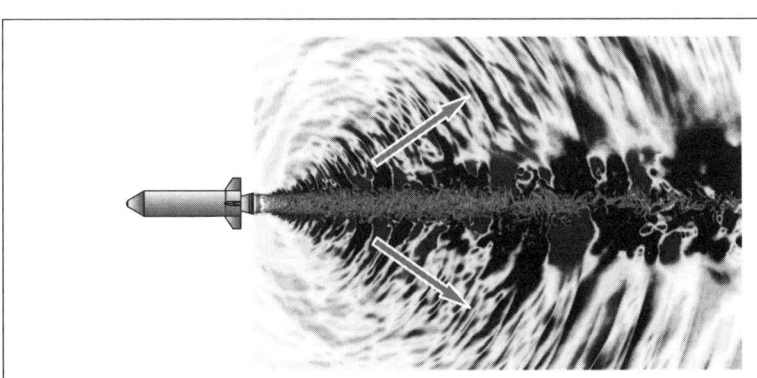

（画像提供：JAXA 宇宙科学研究所藤井孝藏研究室）

図 1.53 プルーム音響の発生

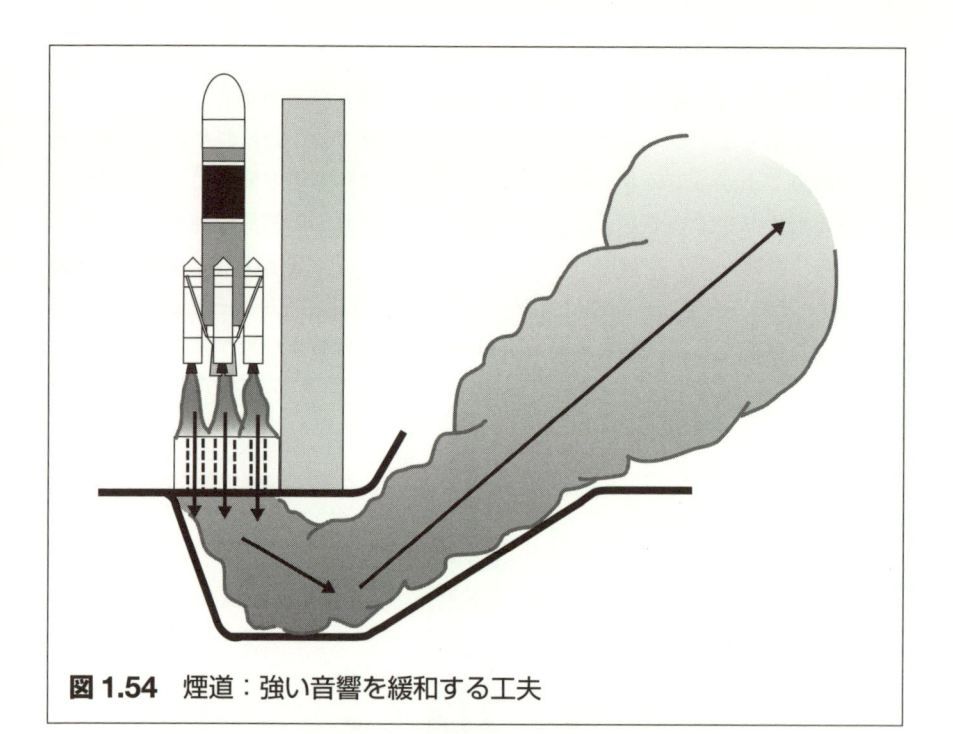

図 1.54 煙道：強い音響を緩和する工夫

（写真提供：JAXA）

図 1.55 イプシロン射点での煙道

減化できるようなさまざまな工夫が凝らされています．例えば，射点の下には煙道と呼ばれるプルームを逃がす穴が空いています（**図 1.54**）．一定の高さになるまではプルームのほとんどはこの煙道に入るため，ランチャーで反射してフェアリング方面に向かう音響が低減化されます．図 1.32 の写真で射点から離れた所から白い煙が上がっているのが見えるのは，この煙道を通ってその出口から出たプルームによるものです．イプシロンロケット打ち上げ用に改修された内之浦の射点にも同様の工夫が施されています（**図 1.55**）．しかし，まだまだ改善の余地があり，さらなる工夫は今後の研究対象でもあります．

1.9 ロケットについて計算したら新幹線の課題が解決！

前節で，プルーム音響予測や射点での音響低減対策にスーパーコンピュータを利用した数値シミュレーションが利用されるようになってきたとお話ししました．数値シミュレーションは，現象の理解や，その結果を設計に有効活用できるので，理論，実験と並んで，第 3 の科学と呼ばれるほど重要になってきました．飛行機，自動車，電子機器など，生活で利用するありとあらゆる製品の設計には今や必ず数値シミュレーションが利用されているといっても過言ではありません．数年前に，いわゆる事業仕分けが話題になったとき，某国会議員の「世界一になる理由は何があるんでしょうか？ 2 位じゃだめなんでしょうか？」という次世代スーパーコンピュータの開発に関する質問が話題になりました．結局，その意義が認められて，神戸に設置されたスーパーコンピュータ「京（けい）」が理化学研究所によって運用され，多くの研究者に利用されています（**図 1.56**）．2012 年 9 月の共用開始ですから，まだ，年数が浅い段階です．これからたくさんの成果が出てくるでしょう．

航空宇宙は，もともとスーパーコンピュータ利用の先端を進んできた分野です．1970 年代終わりに，ボーイング社によって航空機設計に世界最初の汎用スーパーコンピュータが利用されました（**図 1.57**）．実利用としてはこれが最初のスーパーコンピュータの成果だといわれています．宇宙分野でも，そのときどきの課題解決の道具として地道に利用されてきました．その 1 つに M-V 開発時の保安距離算定があります．保安距離は，打ち上げの安全を保証する距離を示すものです．ロケットが万一の事故を起こした場合も周辺の民家などに影

響を与えないことが大切です．保安距離は，大きくいって，爆発による急激な爆風圧変化と破片の飛散の2つの条件から構成されます．1990年代はじめに開発がはじまったM-VロケットはM-3SⅡから推薬（ロケット用の推進剤）の量も大幅に増えたため，保安距離の算定が大切になりました．ダイナマイトや原子爆弾などでもそうですが，急激な爆発が起きると強いピークをもった衝撃波（爆風）が生じます．爆発地点での数百気圧といった大きな瞬間圧力変化（爆風圧）は距離とともに減衰しますので，遠くにいれば問題ありません（**図1.58**）．地形が平坦で木々などがなければ爆風はべき乗則で減衰しますが，山や谷などがあると減衰の様子は変わります．ドラマなどでも，爆発が起きそうになると物陰に隠れますが，それは遮蔽物の陰では爆風圧が弱くなることを多くの人が知っているからです（**図1.59**）．実は，そこより少し後ろの位置はかえって爆風が集中する危ない場所になります．理論予測に経験則を織り込んだ手法ではすでに問題ないことがわかっていましたが，万一に備えてこのような地形などの影響を再確認する意味で，スーパーコンピュータを利用した数値シミュレーションが実施されました．結果は，内之浦の海側における爆風圧は理論よりも高くなりますが，想定されていた数キロメートルの内陸側はむしろより安全であることを示していました．誤解のないように確認しますが，これは万が一すべての推薬が一気に爆発的な燃焼をした場合を想定したものです．普通に打ち

（写真提供：理化学研究所）

図1.56 スーパーコンピュータ「京」

(写真提供：クレイ・ジャパン・インク)

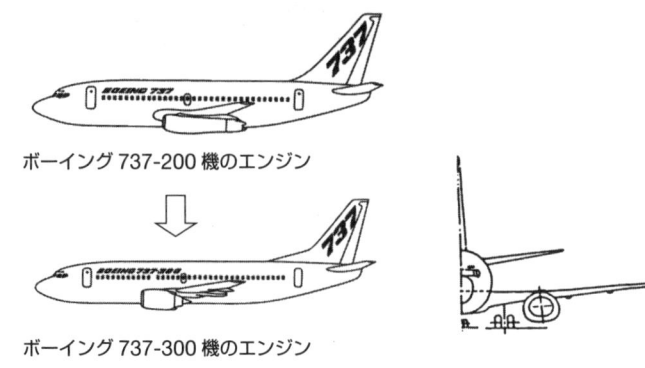

ボーイング 737-200 機のエンジン

ボーイング 737-300 機のエンジン

(藤井孝蔵, CEATEC JAPAN 2007 発表資料より)

図 1.57 汎用スーパーコンピュータの最初の利用は航空機

上げられれば，前述のプルーム音響による強い騒音がやってくるだけです．

　射点から数キロメートル離れた距離では，射点で数百気圧もあった爆風圧は1気圧の百分の1レベルまで降下します．当時のシミュレーション技術では，このような弱い，しかもパルス状の圧力変化を正確に捉えるのが難しかったのですが，局所的に計算精度を向上させる方法を利用することで，爆風圧の時間変化を評価することができました．

　この頃，著者の1人は，某土木会社から新幹線の先頭車両がトンネルに突入するときの課題の相談を受けました．高速の列車がトンネルに突入すると，列車の前の空気が圧縮されて，前方に強い波動が伝わります．筒が完全にふさがっていない点は違いますが，豆鉄砲の仕組みを思い浮かべてもらえるとよいかもしれません（**図 1.60**）．トンネルが長いと，これが次第に集まってきて弱い衝

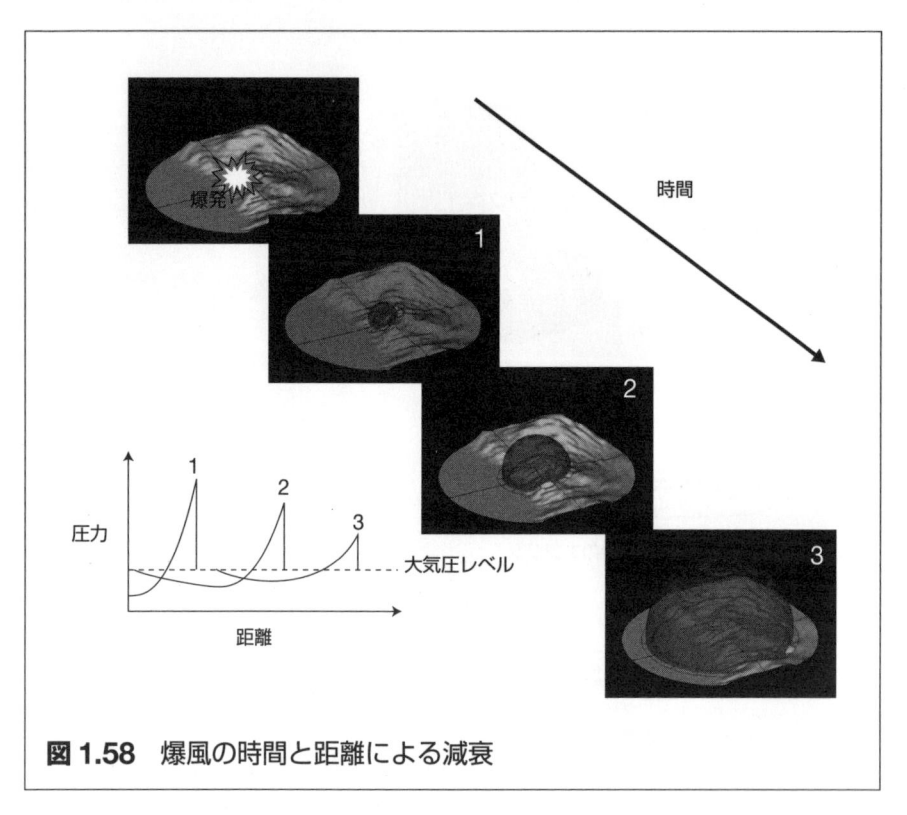

図 1.58 爆風の時間と距離による減衰

図 1.59 ものかげに隠れるのは正解

撃波となり，さらにトンネル出口から大気側にパルス状の圧力波となって伝播し，近隣の家のガラスが揺れたり，割れたりするといったことが起こりかねません．「トンネル微気圧波」と呼ばれるこの現象は，トンネルの多い日本の新幹線ではとても重要なものでした．微気圧波の元凶となるトンネル内の圧力変動レベルが実は1気圧の百分の1レベル，すなわちロケットの保安距離算定と同じレベルの圧力変化でした．シミュレーションの利点の1つは応用分野を問わないことです．航空機やロケットを対象に開発された手法は，そのまま航空宇宙以外の分野でも利用できます．トンネル内の圧力波を弱める単純な方法はトンネル断面積を大きくすること（トンネルに対する列車断面積を小さくすること）ですが，それでは工事費がべらぼうに高くなります．車両断面積を小さくすると乗客の不満が募ります．どちらも避けたいという制限のなか，幸いなことに，先頭車両の形を工夫することでも，このトンネル内圧力波を弱くすることができると計算からわかりました．もちろん，このようなシミュレーション結果が先頭車両形状を決めるわけではありませんが，M-Vの保安距離算定確認で利用した数値シミュレーションの手法は，500系の新幹線，700系の新幹線，そして現在のリニア中央新幹線の先頭車両設計に活かされているのです（**図1.61**）．出せる速度の上がった現在の新幹線の先頭車両やリニア新幹線車両が，昔の新幹線車両に比べてくちばし型のとても長い先頭部分を有しているのは，この微気圧波の対策によるものです．ロケットと新幹線にもシミュレーション技術を通じて特別な関係があったのです．

なお，現在の新幹線では，長いトンネルの出入り口付近にはトンネルフードといってさらにトンネル内圧力波を弱めるための仕掛けもしてあります（**図1.62**）．

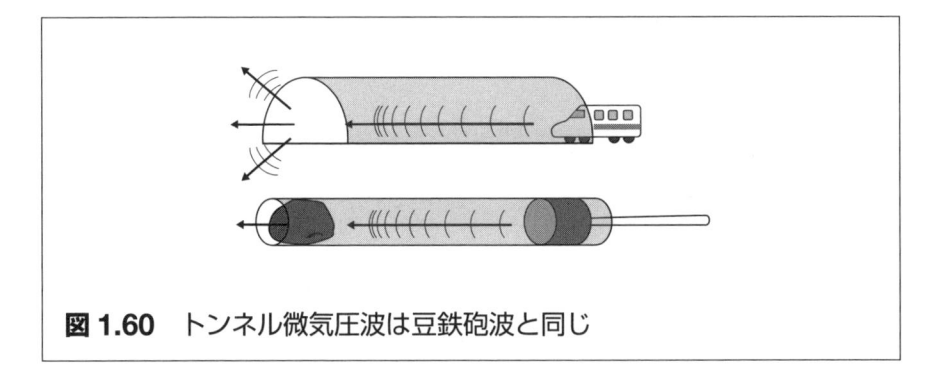

図 1.60 トンネル微気圧波は豆鉄砲波と同じ

(写真提供：JR西日本)

(写真提供：JR東海)

図 1.61 宇宙の技術が新幹線やリニアの先頭車両設計にも活躍する

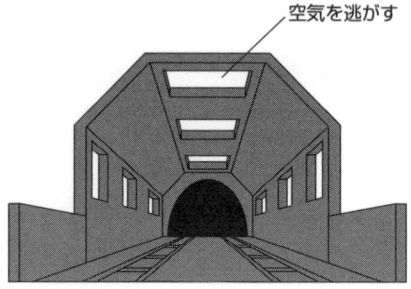

図 1.62 微気圧波低減の工夫：トンネルフード

1.10 ロケット打ち上げに適した場所

　日本のロケット打ち上げ射場は種子島と内之浦です．どちらも鹿児島県にあります（**図 1.63**）．

　種子島に関しては，鹿児島空港から飛行機で 1 時間弱で種子島空港，そこか

ら車で 1 時間，もしくは，鹿児島埠頭からトッピーと呼ばれる高速船で 1 時間半ほど，着いた港から車で 1 時間ほど走ると宇宙センターに到着します．ここは H-ⅡA や H-ⅡB といった大型ロケットが打ち上げられる立派な設備を有するスペースセンターで，センターから車で 10 分程度のところにホテル，民宿などもあります．

　内之浦は，正式には内之浦宇宙空間観測所と呼ばれ，現在の JAXA 宇宙科学研究所が東京大学宇宙航空研究所であった時代に日本で最初の衛星「おおすみ」を打ち上げた，記念すべき場所でもあります．1962 年以降，宇宙科学研究所がここからカッパ（K），ラムダ（L），ミュー（M）と各種の固体ロケットを打ち上げてきました．30 機近い科学衛星がこれらのロケットによって宇宙に飛び

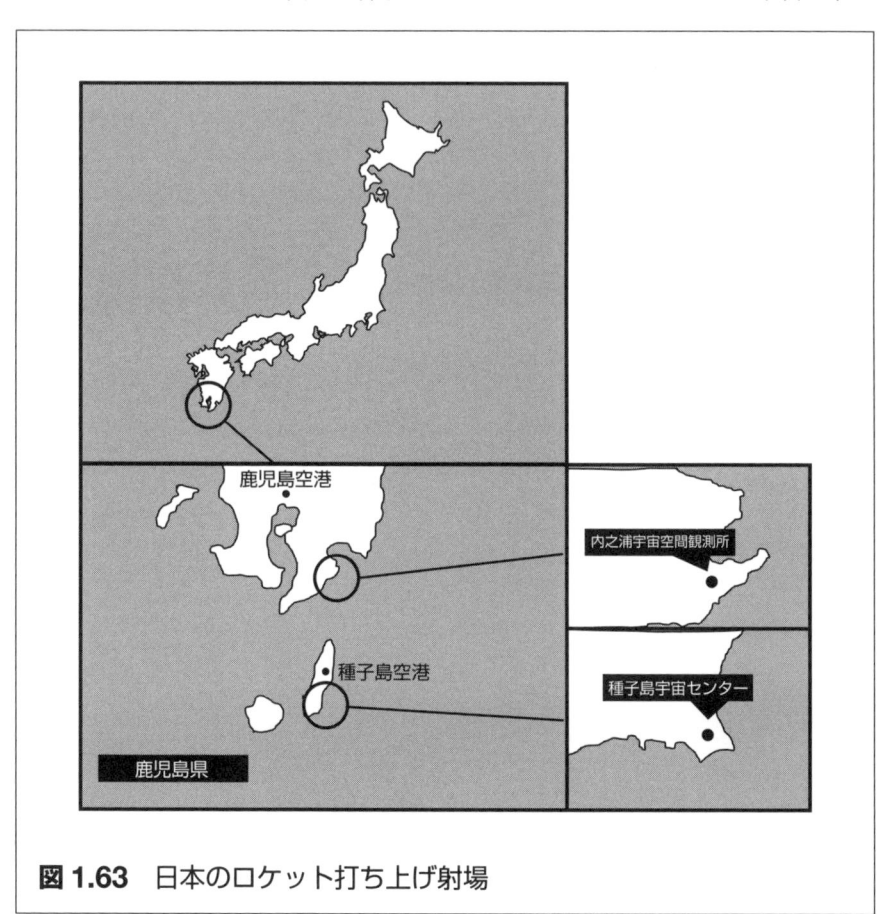

図 1.63　日本のロケット打ち上げ射場

出しています．その中には1989年，すなわち20年以上も前に打ち上げられ，現在も現役の磁気圏観測衛星「あけぼの」もあります．「あけぼの」は，ずっと科学観測データを送り続け，その観測データを使った科学成果が毎年発表されています．内之浦宇宙空間観測所は，2006年9月の M-V7 号機（8号機は先行して打ち上げ済み）をもって衛星の打ち上げをストップし，しばらくは以前から行っていた観測ロケットの打ち上げだけを行ってきました．次期固体ロケットイプシロンの打ち上げが内之浦に決定したことを受けて，M-V 打ち上げに利用してきた旧 M-V 台地を改修し，2013年8月末に予定されていたイプシロン打ち上げに向けて射点整備が急ピッチで進められました．実際には，9月14日に打ち上げに成功したのはご存知の通りです．

内之浦にせよ種子島にせよ，どうして打ち上げ射場が国土の南端（赤道に近いところ）に置かれているのでしょう．

実は，日本だけでなく，世界のほとんどの国のロケット打ち上げ場所も国土の中で最も赤道寄りにあります（**図 1.64**）．米国で，ジェミニ，アポロ時代から多くのロケットを打ち上げてきたケネディ宇宙センターは，アメリカ本土でも最南端のフロリダ州ですし，欧州のアリアンロケットの打ち上げ場所は赤道から 500 キロメートルしか離れていない南米フランス領ギアナにあります．ロシアも，旧ソ連時代から，比較的赤道に近いバイコヌール宇宙基地（現在はカ

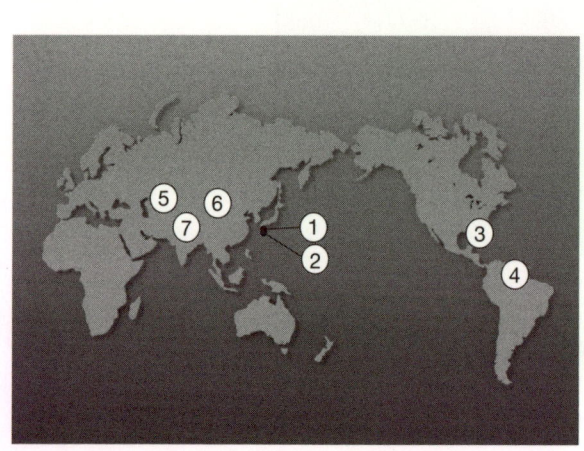

1	内之浦宇宙空間観測所
2	種子島宇宙センター
3	ケネディ宇宙センター
4	ギアナ宇宙センター
5	バイコヌール宇宙基地
6	酒泉宇宙センター
7	サティシュ・ダワン宇宙センター

図 1.64 世界のロケット打ち上げ射場

ザフスタンの領地）を打ち上げ場所にしてきました．世界最初の宇宙飛行士ユーリ・ガガーリンを乗せたソユーズもここから打ち上げられました．ロシアは，バイコヌール宇宙基地が今や他国にありますから，国家安全保障の観点から自国内のプレセツク射場も利用しますし，さらにボストチヌイ宇宙基地の建設を進めています．また，2013年1月にはじめて自国ロケットの打ち上げに成功した韓国でも，ロケット射場である羅老宇宙センターはやはり朝鮮半島の最南端に位置しています．

　地球はおよそ南北を軸として西から東に自転しています．地球は一定の速度で回転しているため，普段の生活では気づきませんが，実は地球の回転速度は赤道で時速約1,700キロメートル（24時間で4万キロメートル）にもなっています．音速がおおよそ秒速340メートル，時速にすると1,200キロメートル余りですから，地球は音よりも速く自転しています．半径が少し短くなるので，種子島宇宙センターあたりではこの速度が時速1,400キロメートル（秒速400メートル）程度に落ちますが，それでも音速を超えます．こんな速度で回っているのに生活していてそれを感じないのは不自然だと思われるかもしれません．力は加速度で決まるため一定の速度で動いている限りは力を受けません．「動いている」という実感も太陽や月の移動でしか得られないのです．一定速度で巡航飛行状態にある飛行機の中で普通に本を読んだり食事をしたりします．電車の中でも，スマートフォンでネットを見たり，メールしたりできます．列車速度のあるなしは，列車に乗っていて特に意識しません．違うのが，列車の「揺れ」で，これは加速度が生じているという事実に対応します．加速度の結果として人間は力，いわゆる「G」を感じるわけです（**図1.65**）．

　さて，これほど大きな地球の自転による表面速度を利用しない手はありません．そのためには少しでも赤道に近い場所から打ち上げたいということになります．先ほど紹介したアリアンロケットを打ち上げる南米フランス領ギアナはほぼ赤道上ですから，そこでの回転速度は時速1,700キロメートル（秒速426メートル）程度です．赤道付近から東向きに打ち上げを行うとロケットの推力を小さくでき，結果として燃料を節約できます．地球自身の回転力を使わせてもらうわけです．地上に落下せずに地球の周りを回り続けることができるロケットの達成すべき速度は秒速7.9キロメートル（第一宇宙速度）ですから，秒速数百メートルの違いはあまり影響しないようにも思えますが，少しでも楽にするため日本も国土の中から南の地を選んでロケット打ち上げを行っています．

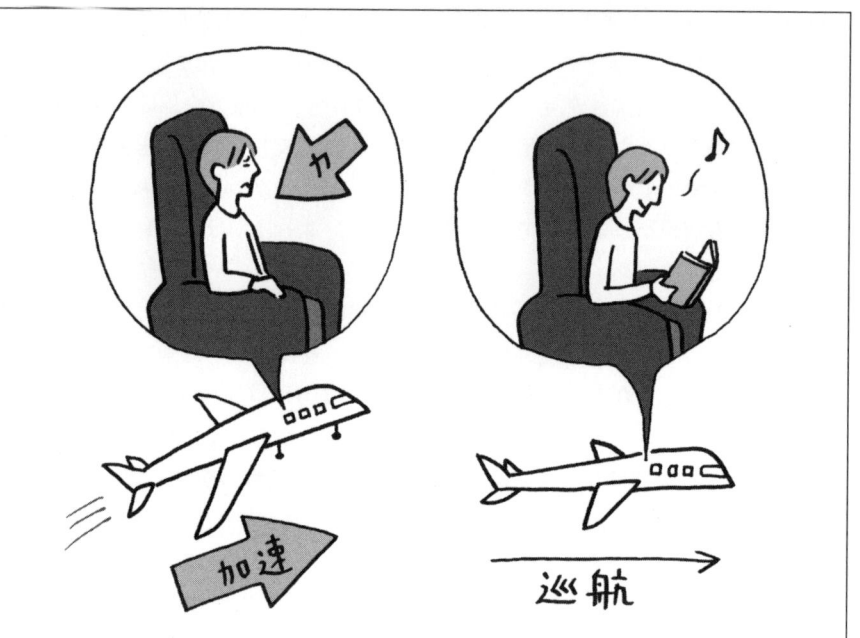

図 1.65 地球は高速で回っている：人が感じるのは速度ではなく加速度

　例えば，内之浦や種子島から真東に打ち上げると，**図 1.66** のように衛星の軌道は赤道と一定の角度をもち，地球の中心を通る面内となります．ニュースなどで**図 1.67** のような画像が出てくることがありますが，地球を平面で表すと南北の最大緯度が打ち上げ場所の緯度と同じになる波を打つ曲線となって現れます．地球の自転と衛星の公転速度が違うと「ずれ」が生じて，図に示したような曲線が回るたびに刻まれていくことになります．これは1つの例ですが，実際のロケット打ち上げ方向には，衛星の軌道という別の要素が影響します．衛星はその目的によってさまざまな軌道で地球を回ります．軌道に関しては3.2節で詳しく述べますが，ロケットの打ち上げ方向もそれぞれの目的とする軌道を意識して決まります．衛星の軌道以外に種々の制限にも影響されます．例えば，人工衛星打ち上げ国の1つであるイスラエルは，ヨルダン，サウジアラビア，イラクといった国が東側にあるため，あえて西側の地中海に向かってロケットを打ち上げています．韓国の羅老宇宙センターも，真東に打つとロケットが日本上空を飛び越えることになります．そこで，ちょうど南西諸島の間を抜け

図 1.66 真東に打ち上げると…

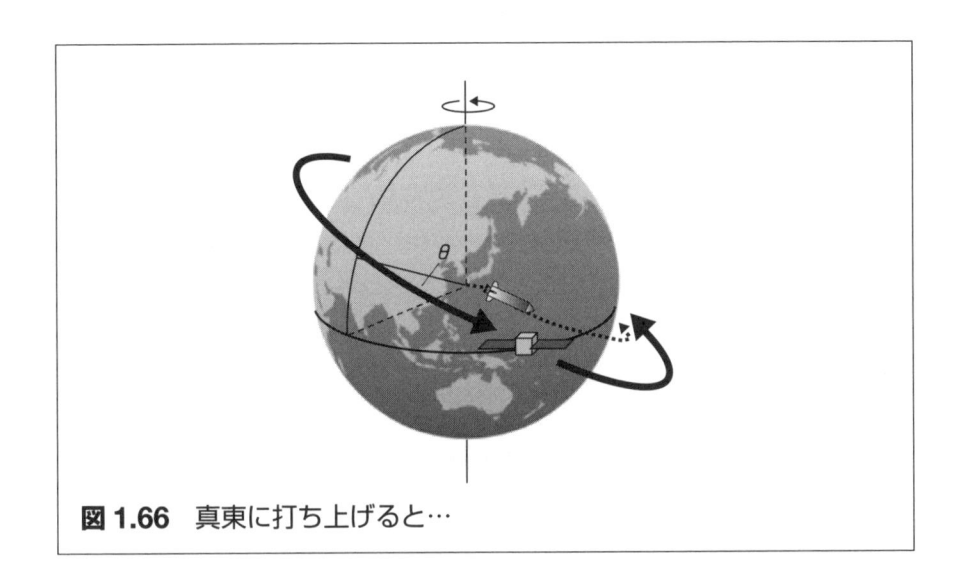

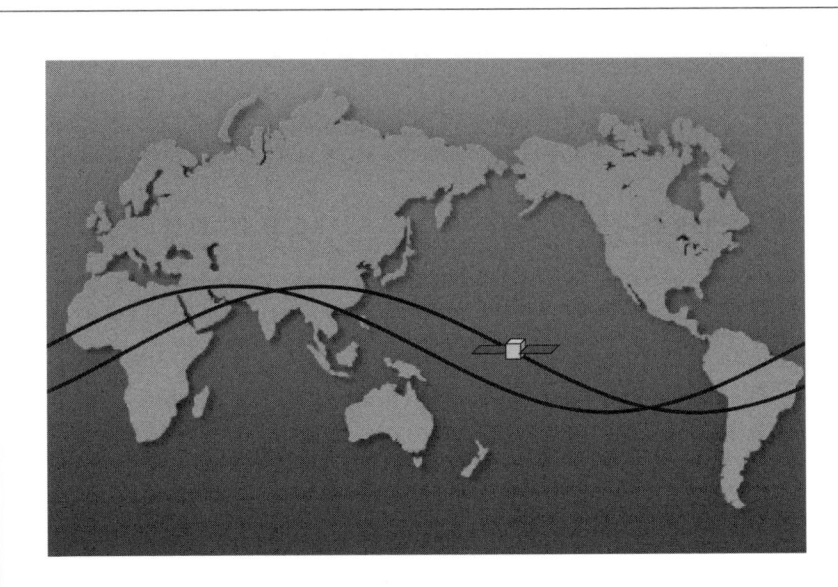

図 1.67 世界地図上での衛星軌道イメージ

るように南に打ち上げられます．イスラエルや韓国のような制限はありませんが，日本のロケット射場である内之浦も種子島も，安全への配慮もあって東側が海となっている場所に作られています．

第2章 人工衛星の仕組みを知る

2.1 人工衛星って何？

　みなさんご存じのように人工衛星は地球の周りを回っています．むしろ地球の周りを回っている人工天体を人工衛星と呼ぶというのが正しいかもしれません．明確に定義することは難しいのですが，通常，何らかの意図をもって地上から打ち上げられ，地球の周りを周回する人工的な天体（物体）を人工衛星と呼びます．例えば，天気予報に欠くことができない気象衛星，3次元の位置情報を特定するGPS衛星，地球や大気の変化を観測する地球観測衛星，宇宙の起源や生命の起源を知る天文観測衛星などがよく知られた人工衛星たちです．宇宙ステーションやスペースシャトルもある意味では「人工衛星」ですが，その規模や活動内容から人工衛星とは区別されて語られることもあります．特に何らかの意図がある場合を除き，本書内ではこれ以降，単に「衛星」と書くことにします．後に出てきますが，小惑星探査を行った「はやぶさ」や金星探査機「あかつき」など，地球の重力圏を脱出して太陽系や太陽系の外を探査する衛星を私たちは「探査機」と呼んで地球の周りの衛星（地球周回衛星）と区別することがあります．地球周回のみならず，地球周回から外れていく探査機も人工衛星の1つであるというのが一般的ですが，「衛星や探査機」などと，あえて探査機を衛星から区別して記述することもよくあります．ここでも厳密に区別することはせず，状況に応じてこれらの言葉を使うことにします．衛星と

(画像提供：JAXA)
人工衛星

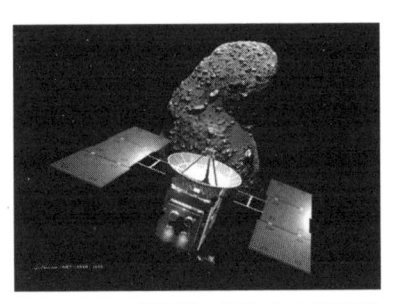

(画像提供：JAXA　作画：池下章裕)
探査機

図 2.1　人工衛星と探査機

図 2.2　意外に知られていない衛星利用

探査機をあわせ「宇宙機」ということもあります（**図 2.1**）．ちなみに「宇宙船」という言葉もよく聞きますが，人が乗ることを想定している宇宙機を宇宙船と呼んでいることが多いようです．

人工衛星は 2013 年はじめの時点で 3,500 機以上が飛んでいるといわれています．

どの国が多いかは想像に難くありません．2012年10月時点の調査ですが，上位はロシアの1,450機と米国の1,113機となっています．実は日本は3番目で134機の人工衛星を保有しています．それに続くのが最近進展著しい中国の133機です．この本が出版される頃には日本は中国に追い越されているかもしれません．

　人工衛星はその目的に応じてさまざまな高度や軌道を飛んでいます．宇宙が身近になったといっても，自分の生活とは無縁と思う方もまだまだ多いでしょう．しかし，人工衛星の多くは，今やみなさんの日常生活に欠くことのできない存在になっています．これはNASAのある研究所の元所長からきいた話ですが，NASAの長官に「TVのウェザーチャンネルで雲の動きが見られるのに，どうして気象衛星を打ち上げる必要があるのか？」と質問した米国議会議員がいたそうです．生活に密着していても，どのように衛星が利用されているかは意外に知られていないことがよくわかります（**図2.2**）．

2.2　人工衛星の形は何で決まる？

　これから人工衛星を構成する機器についてお話ししていきます．その前にまず衛星全体の形について考えましょう．宇宙ステーション，ハッブル宇宙望遠鏡，日本が打ち上げた最近の衛星などをざっと見ただけでも形は本当にいろいろです（**図2.3**）．一方で，例えば「自動車」といえば何となく形が思い浮かびます．電車も同様ですし，飛行機もそうです．スポーツカーやワンボックスカー，地下鉄や新幹線，輸送機や戦闘機と，いい出すとそれぞれの中にも目的によって違う形があります．ただ，名称だけでおよその「形」のイメージは浮かびます．ところが，衛星の形は多種多様です（**図2.4**）．

　まず，自動車や列車と違い，衛星は大量生産ではありません．目的も望遠鏡を積む天文観測衛星，地上からの電波を受信し，位置情報を検出するGPS衛星，電波を中継する通信衛星，可視光や赤外線などの光学センサーによる画像から空模様の変化を捉える気象衛星などさまざまです．幸い，宇宙空間では空気抵抗がないので，飛行機や新幹線のように形を「流線型」にする工夫は必要ありません．また，宇宙空間では地上と違ってほとんど重力がかかりませんので，大きく太陽電池パドル（2.4節）の羽を広げても問題ありません．ただ，折り畳んでロケットの頭部，ノーズフェアリング（1.2節）にうまく納めること

「あかり」　　　　　　　　　　　　　「ひまわり」

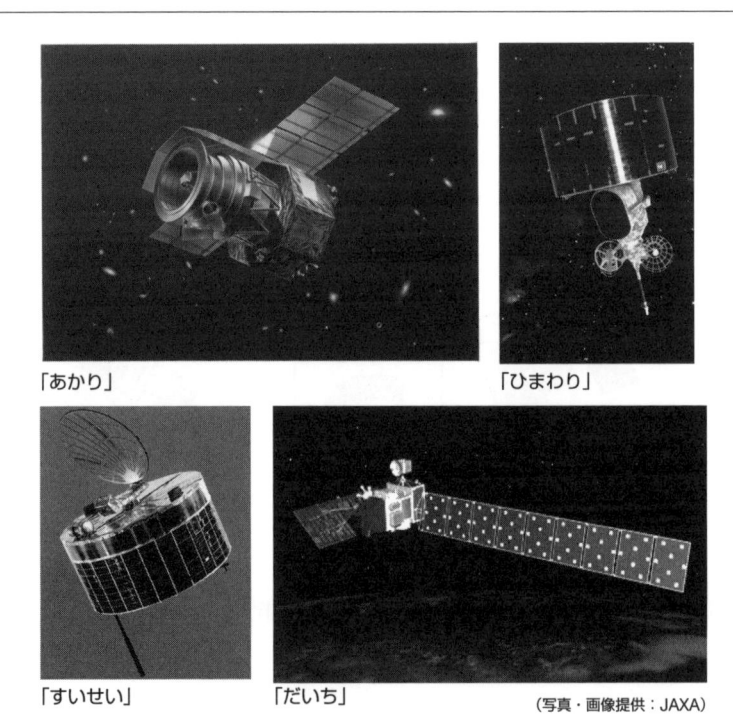

「すいせい」　　「だいち」　　　　　　　　　（写真・画像提供：JAXA）

図2.3　人工衛星の形はさまざま

は必要です．また，希望する軌道にロケットで投入するために少しでも軽く作る必要があります．すなわち，衛星で大切なことは形ではなく，軽さとコンパクトさの2つだといえます．その条件下で，観測など目的を達成するための機器に加えて，衛星内部の熱制御システム，姿勢・軌道制御システム，電源系システム，通信システムなど衛星の機能を維持するために不可欠な機器を衛星内部に搭載する必要があります．例えば2.4節で話題になる金星探査機で軌道投入のために大きな推進系が必要であることや，水星探査機において熱制御や耐熱対策が厳しくなることなどからもわかるように，これら衛星機能維持のための機器の大きさや機能も衛星の目的によって変化してきます．また，衛星の重心位置や姿勢制御方式なども「形」に影響します．

というわけで，軽さとコンパクトさを意識しつつ，形はそれぞれの目的（ミッション）や機能に応じて1つ1つ慎重に考えていくことになり，結果としていろいろな形の衛星が生まれることになります．

図 2.4 車,飛行機,電車と違って衛星は個性的

2.3 衛星の基本的な構成

　衛星や探査機は大きく分けて,衛星自体のベースとなるバス部と呼ばれるシステム,個々の衛星の目的に応じて搭載されるミッション部と呼ばれるシステムの2つから構成されます(**図 2.5**).

　通信放送の中継用機器,地球観測用の赤外線,可視光などのセンサー,天文観測の望遠鏡,探査機の「その場観測機器(*In situ*:現象が起こっている場所で現象を直接観測するセンサー機器)」などがミッション部に該当します.衛星や探査機,それぞれの目的を達成するための機器と思えばよいでしょう.

　一方,バス部は衛星自体を維持するための機器類です.衛星を形成する構造体,地上のアンテナと連絡をとりあうテレメトリ・トラッキング・コマンドシステムなどアンテナ系のシステム,電力を供給するための電源系システム,衛星の姿勢をコントロールする姿勢制御系システム,姿勢制御や軌道変更に利用される推進系システム,搭載機器の温度を一定の許容範囲にコントロールする熱制御系システムなどから成っています.全体をバス部と呼び,それぞれの機

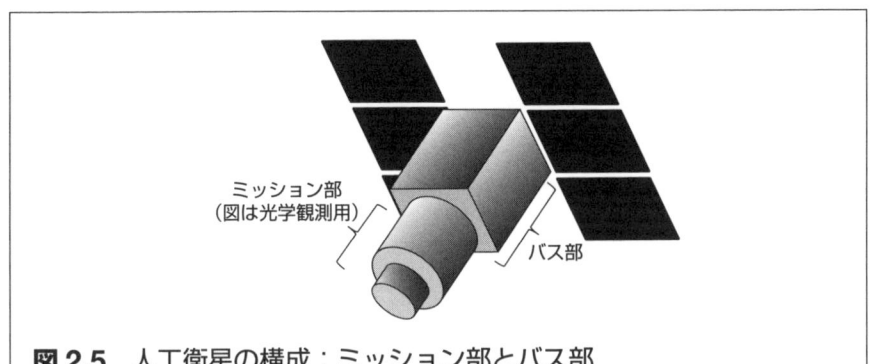

図 2.5 人工衛星の構成：ミッション部とバス部

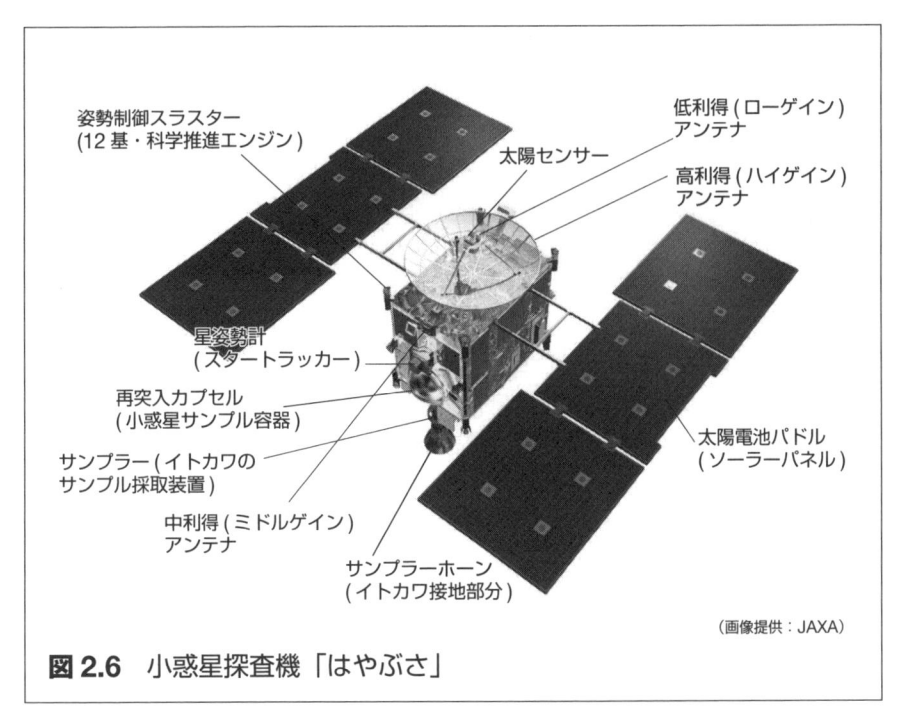

図 2.6 小惑星探査機「はやぶさ」

（画像提供：JAXA）

能を担うシステムは〇〇系サブシステムなどと呼ばれます．

　基本となる部分ですので，人工衛星に共通ともいえるバス部を見ていきましょう．太陽系を航行した探査機なので多少個性的ではありますが，多くの方がその模型を見たことがある「はやぶさ」を例にとって，説明します（**図 2.6**）．

2.4 太陽電池パドル ―電力を手に入れる―

衛星から大きく飛び出している羽根は太陽電池パドルです．ロケット打ち上げが順調に進み，衛星が分離された後に起きる大きなイベントは太陽電池パドルの展開です．太陽の方向を知りパドルを展開して，バッテリーへの充電が可能になると必要電力を確保できるようになると，ひと安心です．太陽電池パドルは複数の太陽電池パネル（ソーラーパネル）から構成されています．みなさんの住宅内での生活に電力が必要なのと同じで，軌道や姿勢の変更，地上との通信，観測機器の動作など衛星の活動には電力が必要です．それを太陽電池パネルからもらう太陽光エネルギーで賄います．太陽電池パネルの基本的な機能は，最近増えてきた地上の太陽光発電装置と同じです．太陽電池パネルから得た太陽光エネルギーを電力に変換し衛星や探査機の各システムに供給します．ある面積のパネルが受けるエネルギーは太陽からの距離が2倍になるとざっと4分の1に減ってしまいます（図2.7）．本体は小さい「はやぶさ」が大きな太陽電池パドルをもっているのは太陽から遠いところまで飛翔する探査機だからです．例えば，「はやぶさ」の太陽電池パネルは太陽から1.0 AU（1天文単位：太陽と地球の距離 = 1.5億キロメートル）の遠さで，およそ2.6キロワットの電力をつくることができます．電子レンジやトースターの数倍程度の電力量です．

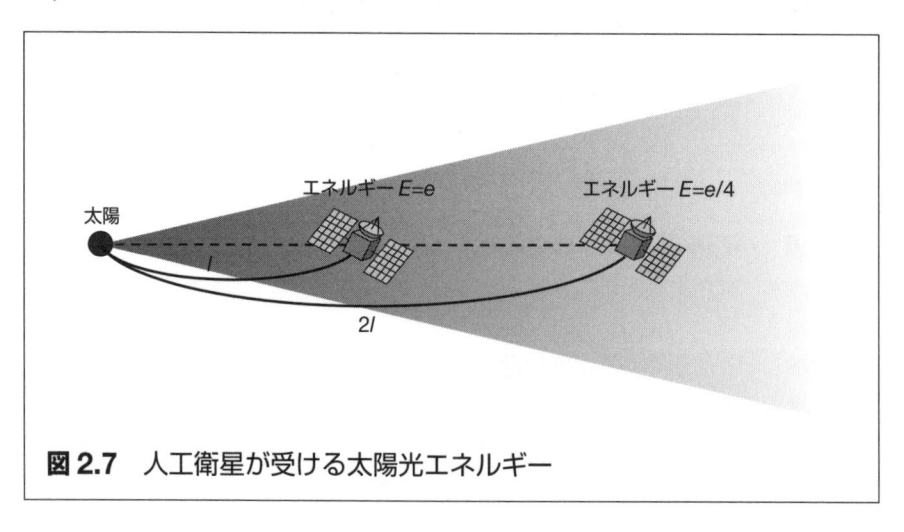

図2.7　人工衛星が受ける太陽光エネルギー

太陽に近い金星を目指している「あかつき」(**図 2.8**) には，「はやぶさ」より小さな太陽電池パドルがついています．「あかつき」はこの太陽電池パドルから金星周回軌道上で約 500 ワット程度の電力を確保できます．「あかつき」は結構省エネです．2.6 キロワットという「はやぶさ」が要する高い電力の背景には，実は，「はやぶさ」が大電力を必要とするイオンエンジンを搭載しているという事情があります．衛星の重量と太陽電池パネルの発生電力量とのバランスで見ると，「はやぶさ」の発生電力量は飛び抜けて高い値となっています．ちなみに，「はやぶさ」と「あかつき」はともにおよそ 500 キログラム程度の探査機です．「あかつき」(開発開始時は宇宙科学研究所，現在は JAXA) は，2003 年に宇宙開発事業団 (NASDA)，航空宇宙技術研究所 (NAL)，宇宙科学研究所 (ISAS) が統合して JAXA が発足した関係で，H-IIA ロケット (開発時は宇宙開発事業団，現在は JAXA) によって打ち上げられましたが，もともと H-IIA と比べて小さめの M-V ロケット (開発時は宇宙科学研究所，現在は JAXA) での打ち上げを想定していたことからこのような重量に設計されていました．余談になりますが，太陽に近いがゆえに「あかつき」の探査機本体には放熱という別の問題が生じてきます．当初の計画だった 2010 年には，「あかつき」の金星軌道投入は失敗してしまいました．現在，「あかつき」は，残された推進系で 2015 年頃の金星軌道への再投入を目指すべく太陽軌道上にあります．この軌道上は，金星の投入後に予測された熱環境に比べてかなり厳しい環境で，熱入力

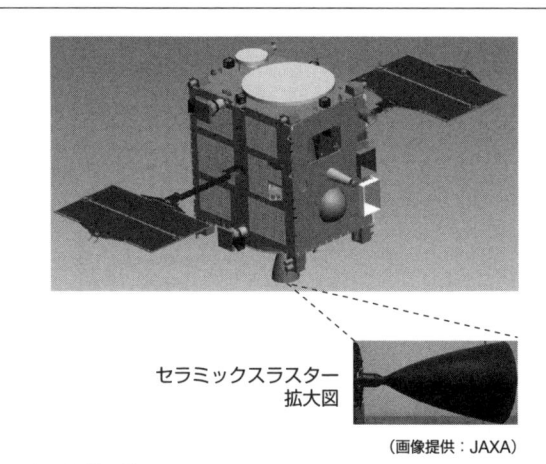

図 2.8　金星探査機「あかつき」

による一部の機器の劣化が懸念されます．幸いなことに2013年現在機器はおおむね無事ですが，温度を慎重にモニターしながら再投入の機会を待っています．

　機能自体は同じと書きましたが，住宅用の太陽光発電システムと衛星・探査機の太陽電池には，当然，いくつかの違いがあります．「セル」と呼ばれる名刺くらいの大きさの半導体デバイスが太陽電池の構成要素です．これを数千枚集めて1枚の太陽電池パネルを作り，さらにこのパネルを何枚かまとめて太陽電池パドルを構成します．太陽電池セルには一般にシリコン単結晶の半導体が用いられますが，衛星用太陽電池セルには，ゲルマニウムを基板として，その上にガリウム・ヒ素（GaAs），インジウム・ガリウム・リン（InGaP）を積層に重ねた宇宙用三接合太陽電池が用いられます．住宅用のシリコン系セルの変換効率はおよそ15〜20%であるのに対して，宇宙用三接合太陽電池は30%という高い電力変換効率を発揮します．ただし，宇宙空間においては常に強い放射線にさらされます．そのままでは，太陽電池パネルを構成するシリコン結晶基板に欠陥が発生し，発電能力が低下してしまいます．宇宙空間での被曝による劣化防止のために，さらにセルの表面をカバーガラスで覆っています．セル基板を薄くすると，電子の移動距離が短くなり欠陥の生ずる可能性が減って長寿命になります．当然，軽量化も図れます．

　アルミニウムを炭素繊維の薄板で挟み込んだ軽量パネルに太陽電池を接着します．太陽電池は，温度が高くなると発生電力が低下する特性をもっています．炭素繊維の薄膜は黒色で放射率が高いことから温度を下げる効果もあります．このようなことから，残念ながらその価格（単位ワット数あたり）は住宅用の

図2.9 機能は同様でも，地上より高価な衛星太陽電池パネル

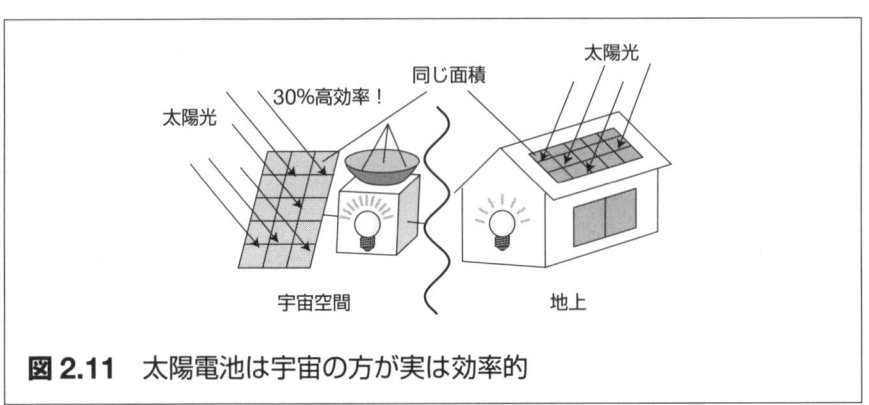

図 2.10 要求の多い宇宙用の太陽電池パネル

図 2.11 太陽電池は宇宙の方が実は効率的

ものに比べて 100 倍以上にもなってしまいます（**図 2.9**）.

　衛星本体の機器全体にいえることですが，打ち上げ時の振動，衝撃などの環境に耐えられること，宇宙空間での利用であること（強い放射線，真空環境，電離気体，宇宙ゴミ衝突の可能性，修理ができないこと）を意識して太陽電池パドルの設計を行わなければなりません（**図 2.10**）. 地上では太陽光のエネルギーは 1 平方メートルあたり 1.0 キロワット程度といわれています．実は，大気による散乱や吸収などがあるため宇宙空間よりも小さな値になっています．空気がない宇宙空間では 1.37 キロワットと 30％程度も高いエネルギーを受けることができるという利点も存在します（**図 2.11**）.

2.5 電源 —電力を貯める—

衛星が太陽に照らされている間は太陽電池パドルで電力を得ることができますが，太陽光から隠れているときは電力が供給できません．そのため，太陽電池パドルから得られた電力はバッテリー（電池）に送られ，充電に供されます（**図 2.12**）．充電可能な電池を 2 次電池，乾電池など充電のできない電池を 1 次電池といいます．ここでは充電可能な 2 次電池の話をします．

バッテリーは当然のことながら，衛星など宇宙機の運用に欠かすことができない部品です．太陽の光が当たらない日陰期間はバッテリーに蓄積した電力を利用して衛星や探査機を運用します（**図 2.13**）．通常，1 個の電池（通称セル）では電圧や容量が不足するので，直列にして電圧を上げたり，並列にして容量を増やしたりします．乾電池を使うときと同じですね．電池も太陽電池パネルと同様にみなさんが生活に利用しているものと大きな違いはありません．例えば，ニッケルカドミウム（ニッカド），ニッケル水素，リチウムイオンといった電池です．これらはパソコンやスマートフォンに利用されるなど普段の生活でも身近な電池です（**図 2.14**）．

電池の性能はエネルギー密度で評価されます．エネルギー密度については単位質量の場合と単位体積の場合とでそれぞれ語られることがありますが，要するに，一定のサイズや質量でどれだけの電力をどれだけ長時間出せるか（W・h（ワット×時間））という数値です．リチウムイオン電池はこの値がニッカド電池の 2～3 倍ですので，同じ性能を想定したとき，ニッカド電池に比べてその

図 2.12 太陽電池パドルから得られた電力を充電

図 2.13 充電した電力を利用して衛星や探査機を運用

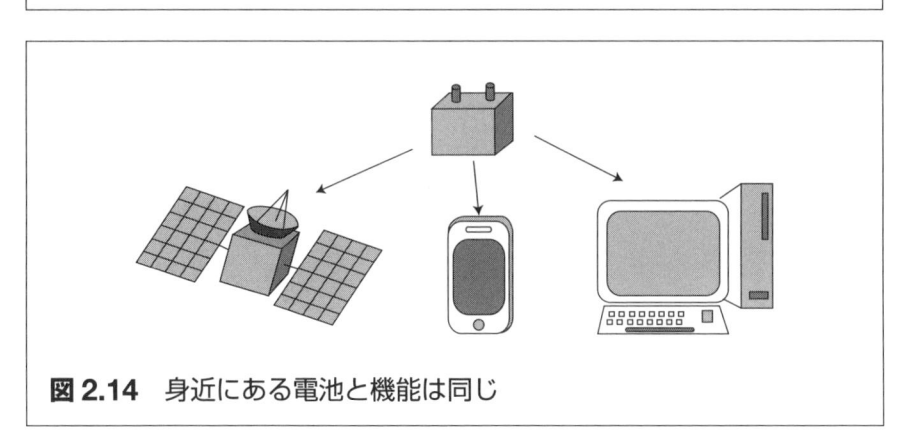

図 2.14 身近にある電池と機能は同じ

分だけ軽量化が図れることになります．また，不十分な充電を繰り返すと容量自身が減ってくること（いわゆる「メモリ効果」）がほとんどない点でも，リチウムイオン電池が有利です．ニッカド電池だと，1トンの衛星で100キログラム弱の重さ分が電池にとられます．4トン級の地球観測衛星だと250～300キログラムがバッテリー質量となっています．リチウムイオン2次電池が使えれば，この質量が約半分の150キログラム以下になり，その分観測機器の重量を増やせます．ごく最近までニッカド電池などが主流でしたが，リチウムイオン電池の利用も増えてきました．世界ではじめて大容量リチウムイオン電池を搭載したのは，実は「はやぶさ」でした．その機械耐久性や信頼性をベースに，開発を担った古河電池（株）によって長寿命でコンパクトな一般産業用のリチウムイオン電池の開発も進められています（**図 2.15**）．

重量からもわかるように，人工衛星が必要とする電池容量はノートパソコン用のリチウムイオン電池などと比べて数十倍の大きさとなります．最近，ボーイング787の大型のリチウムイオンが発火のトラブルで話題になりました．原因は電池自体にはなさそうですが，リチウムイオン電池の開発や改良はまだまだ続きます．当然，宇宙用リチウムイオン電池の開発と高機能化が世界各国で精力的に進められています．

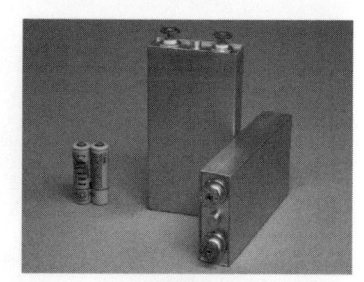

（写真提供：古河電池株式会社）

図2.15 宇宙開発用大型リチウムイオン電池の開発

　電池についてはさらに燃料電池への期待があります．これも地上と同じです．燃料電池は，ニッカド電池やリチウムイオン電池などの2次電池と同様に「電池」と呼ばれますが，機能は違います．1次電池も含めて，これまで紹介してきた「電池」はもらった化学エネルギーを電気エネルギーに変えて電源として利用するものでした．2次電池はその中でも充電，放電を繰り返して利用できるものを指しているとすでに述べました．これらに対し燃料電池は，化学反応を利用して自ら発電をします．使用する電解質や燃料によっていろいろな種類がありますが，2次電池のようにどこかからもらったエネルギーを蓄える装置ではなく，自ら電気を作る発電装置なのです（**図2.16**，**図2.17**）．

図2.16 燃料電池は普通の蓄電池と違う

最近でこそ，車や家庭用の燃料電池がとりざたされていますが，実は燃料電池を最初に実利用したのは宇宙です．特に，電気を発生させると同時に水を発生させ，飲料水の供給源にもなることから，有人宇宙船の電源としてゼネラルエレクトリック社によって開発され，なんと50年近く前の1965年に水素と酸素を使った燃料電池がジェミニ宇宙船に積み込まれました．アポロ計画でも継続して利用されました．有名なアポロ13号の事故でも登場します．アポロ13号は酸素タンクを爆発で失っただけでなく，それによって燃料電池が機能しなくなり電力供給がストップしたことで月面着陸を断念，さまざまな困難を乗り越えて地球に帰還しました（**図2.18 (a)**）．アポロ13号の話は映画にもなったので，ご存じの方も少なくないでしょう．最近退役したスペースシャトルにもアルカリ形の燃料電池が搭載されていました（**図2.18 (b)**）．

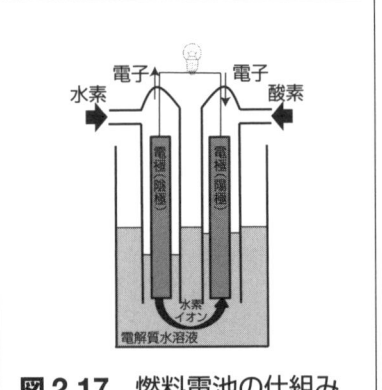

図2.17 燃料電池の仕組み

燃料電池は水素や酸素のタンクを必要とするので，今の技術では小規模の装

(a) アポロ13号—電源の喪失　(NASA, AS13-59-8500)

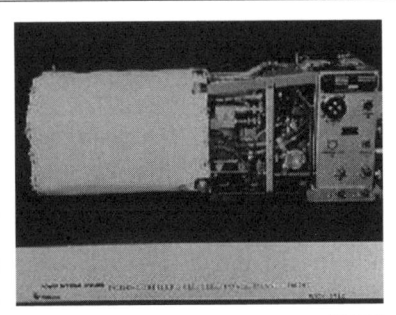

(b) スペースシャトルにも利用　(NASA)

図2.18 宇宙で使われてきた燃料電池

置には向きません．ただ，上記のような大きなシステムや大電力を必要とする場合には有効です．さらに，航空機での利用実験が 2012 年秋に話題になりました．航空機用の再生型燃料電池といったものも出てきています．宇宙でも，月面滞在での利用などに向けて，再生型燃料電池の研究が進められていますので，地上での利用の進歩とともに宇宙での利用もさらに進むだろうと思われます．

では，衛星に利用される太陽光発電の装置や 2 次電池は地上の生活で利用しているものとまったく同じでよいのでしょうか．宇宙での利用の特徴は，ほかの節にもある通り，

(1) 強い放射線を受けること
(2) 地上にはないほどの高温，低温といった温度変化を経験すること
(3) 水分や酸素がない真空に近い環境で利用されること

などにあります．これに加えて，

(4) 修理がきかないことやロケット打ち上げ時の振動などの厳しい環境に耐えること

にも配慮が必要です（**図 2.19**）．

図 2.19 宇宙で利用する電源に要求されること

2.6 通信 —衛星の状態を知る，指令を送る—

「はやぶさ」(図 2.6) を眺めて気がつく 2 つ目の大きな装置は高利得（ハイゲイン）アンテナです（**図 2.20**）．姿勢を変える，方向を変える，加速・減速するなど衛星や探査機を制御するには，衛星に搭載されている制御コンピュータに地上から指令を送ります．そのためにアンテナはとても重要です．スマートフォンや携帯電話のコマーシャルでも通信速度や通信エリアが話題になりますが，通信の速度と通信可能範囲が大切である点は衛星や探査機も同じです．小惑星探査機「はやぶさ」には，高利得（HGA），中利得（MGA），低利得（LGA）の 3 つのアンテナがついていました．最も大きいのが HGA（High Gain Antenna）と呼ばれる高利得アンテナです．「はやぶさ」の HGA はパラボラ型です．惑星探査機は地球周回の衛星と違って地球と太陽の距離（1 天文単位：1 AU）以上の遠方と通信を行うことになりますから，高性能の高利得アンテナが必要です．「はやぶさ」では，焦点に電波を集中するパラボラ型のアンテナが使われました．しかし，太陽に近い金星や水星に向かう探査機では，強い太陽光が集中して給電部分の温度が上昇してしまいます．そこで，焦点型ではなく多数の小さなアンテナを平面状に配置するアレイ方式のアンテナが利用

(JAXA 宇宙科学研究所藤井孝藏研究室撮影)

図 2.20 「はやぶさ」の高利得（ハイゲイン）アンテナ（JAXA 相模原キャンパス展示室の模型）

されはじめました．軽量でもあり，耐熱性も高いアレイアンテナは金星探査機「あかつき」，水星探査機「Bepi Colombo」，また2つ目の小惑星探査機である「はやぶさ2」などに利用されています（**図2.21**）．例えば，「はやぶさ」のアンテナは7キログラムでしたが，「あかつき」では4キログラムにまで軽くなっています．

　高利得アンテナのおかげで，「はやぶさ」は地球から3億キロメートル離れた場所でも4〜8 kbps（毎秒4〜8キロビット）という速い速度で通信できました．「速い」と書きましたが，私たちが生活で使っているネットワーク機器の通信速度と比べてみましょう．家庭で使っている無線LANが100 Mbps（毎秒10万キロビット）以上，携帯LTEの理論上の最大受信速度が326 Mbps，送信速度が86 Mbpsです．「はやぶさ」への返信速度はざっと1万倍以上も遅い速度です．また，利得（ゲイン）が高い分だけ0.3〜0.5度程度と電波（ビーム）の幅が狭いので，パラボラを地球に向けるように姿勢を精密に保つ必要があります．「はやぶさ2」の高利得アンテナでは，より高周波の通信帯域を利用することで，「はやぶさ」に比べて通信速度が4倍に上がっています（**図2.22**）．

　高利得アンテナ以外の2つのアンテナのうち，中利得アンテナは一般に感度は低くなりますが，可動式であるうえにビーム幅が広く，地上から探査機を捉えやすいアンテナです．最大256 bpsで通信可能なこの中利得アンテナは，「はやぶさ」では最も活躍したアンテナです．最後の1つは，機体がどこを向いても何とか地球と通信できる低利得アンテナです．「はやぶさ」ではパラボラアンテナの先にその1つがついていました．通信速度は最小8 bpsです．

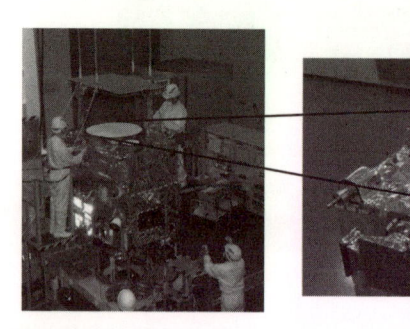

（写真提供：JAXA）

図2.21　「あかつき」のアレイアンテナ

図 2.22 探査機の通信速度

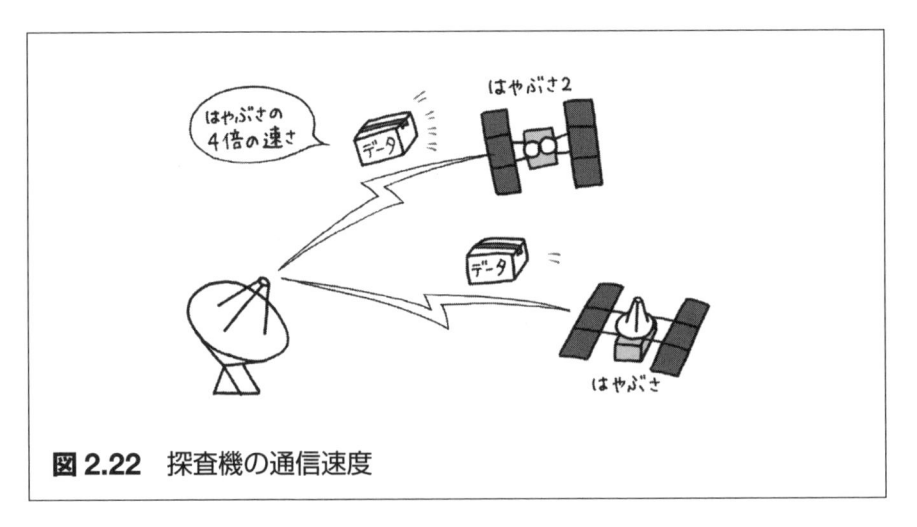

「はやぶさ」は帰路の直前に行方不明になりました．その後，毎日何時間も電波を送り続けた結果，ピッと出た信号を地球で受信し，見つけることができました．ただ，発見後も電波の強度は弱く，また，姿勢がわからない状態だったのです．そこで探査機「のぞみ」でも使われた有名な「1ビット通信」が試みられました．1ビットではオンとオフ，すなわちYes/Noの回答しか得られません（図2.23）．すなわち，回答の有無で判断することになります．この温度より上かといった問いかけで少しずつ状況を把握し，姿勢などの情報を把握することにより，通信も回復させることができました．このあたりの話は，映画でも取り上げられていました．

探査機の場合，送受信できるデータ量だけではなく，時間遅れの問題が顕著です．日本では長野県臼田町にある直径64メートルの大型パラボラアンテナ（図2.24）が使われますが，小惑星到着時の3億キロメートルという彼方からでは，片道に17分もかかります．問いかけてから，回答が返ってくるまでにはその倍の34分かかることになります．したがって，惑星探査機では自ら情報を分析してコントロールする「自律」の考え方がとても大切になります．

ここでは「はやぶさ」を例にとって探査機の話をしてきましたが，地球周回の衛星ではもっと速い速度，例えば240 Mbpsといった地上に負けないレベルの速度で通信ができることも覚えておいてください．

図 2.23　1 ビット通信とは

図 2.24　深宇宙探査用大型パラボラアンテナ
（写真提供：JAXA）

70　第 2 章　人工衛星の仕組みを知る

> **豆知識** 「メガ」はどのくらい大きいか

参考までに，単位のことを記しておきましょう．キログラムとかキロメートルとかはよく使うので，キロ（K）が 10^3 を意味することはご存じでしょう．メガ（M）はその1,000倍の 10^6 です．その上はギガ（G）で 10^9，メガの1,000倍です．さらにその上のテラ（T）が 10^{12}，ペタ（P）が 10^{15}，エクサ（E）が 10^{18} と続きます．神戸にある理化学研究所運営の世界トップクラスのスーパーコンピュータ「京」はペタコンピュータと呼ばれています．こちらはFLOPS（Floating-point Operations Per Second，1秒間に実行できる浮動小数点演算の量）を意味する数字で，10ペタが日本の数字の「京」に相当します．また，2014年度概算要求が期待されているポスト「京」コンピュータはその100倍の1エクサフロップスの性能が期待されています．いろいろなものの単位がみな大きくなってきていますね．ビッグデータという言葉が注目されていますが，まさにその傾向が，通信速度や処理速度にも現れています．

2.7 姿勢制御 ─衛星をコントロールする─

「はやぶさ」に限らず，探査機や衛星の姿勢はどうやってコントロールしているのでしょう．

地球との通信，太陽電池パドルへの太陽光受光，望遠鏡やセンサーによる観測など，さまざまな理由から，衛星を高い精度で希望する姿勢に保つことは大切です．宇宙空間とはいえ，地球や月の重力の影響がまったくないわけではありません．また，太陽フレアなどによる強いプラズマ粒子の流れ（太陽風）といった種々の理由で，衛星の姿勢に乱れが生じます．これらの擾乱に対して姿勢をしっかりコントロールする必要があります．

人工衛星の制御には，大きく分けてスピン安定制御方式と3軸安定制御方式の2つの方式があります．

スピン安定制御方式は昔から利用されてきた方式で，コマの回転がわかりやすい例示として使われます．比較的制御が容易なため，この方式は長く利用さ

れてきました（**図 2.25**(a)）.

　回転しているコマを指で倒そうとつついても，もとの真っ直ぐな姿勢に戻ろうとするように，回転する物体には，回転軸を維持しようとする性質があります．高速で回転しているほどその性質は高まります．衛星自体をある軸を中心に回転させることで姿勢を維持するのが，この「スピン安定制御方式」です．アンテナも回転してしまうことを避けるために，内部を二重構造にして逆回転を与えることで相対的にアンテナが地球を向くようにするといった工夫（二重スピン安定制御方式）もあります．太陽電池パドルを翼のように大きく広げると回転が困難になることもあって，以前のスピン制御衛星の多くは円筒状や多角形に作られており，その表面に太陽電池セルが貼りつけられていました（**図 2.26**）．スピン安定制御方式では，衛星が大きな角運動量をもつため，3軸安定制御方式に比べて姿勢変更にたくさんの燃料消費が必要になってしまいます．

　3軸安定制御方式は，「はやぶさ」をはじめたくさんの衛星や探査機に利用されています（図 2.25（b））．この方式は，小さなエネルギーで衛星の姿勢を希望する方向に向けることができる特徴があります．実は理屈はスピン制御と同じです．ただし，衛星本体を回転させるのではなく，衛星の中に置いたホイール（リアクションホイール）を回転させ，センサーで姿勢の変化を読み取って，ホイールの動きやガスジェット（姿勢制御装置，RCS：Reaction Control System）で姿勢を調整します．**図 2.27** に示すように，ホイールの軸を衛星に

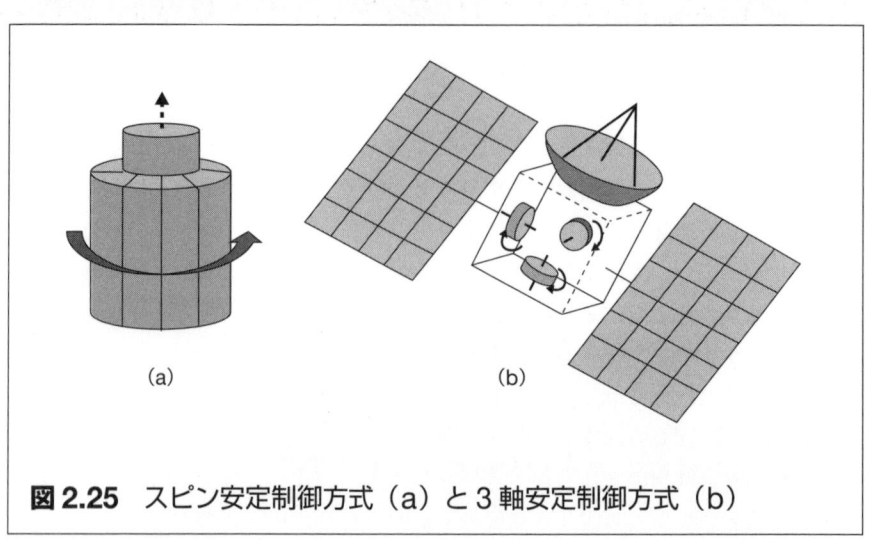

図 2.25 スピン安定制御方式（a）と3軸安定制御方式（b）

固定し，リアクションホイールを回転させると，衛星自体には逆向きの回転がかかります．地上のような足場も重力もない宇宙ステーション内で，宇宙飛行士がねじ止めをしようとスクリュードライバーを回したら，宇宙飛行士自身がそれと反対向きに回転してしまうというのと同じです．このことを利用すると，仮に何らかの外乱によって衛星が回りはじめたときには，それと反対向きにリアクションホイールを回転させること

図 2.26　「きょっこう」

で，回転を止めることができます．1.4 節で運動量保存の法則によって質量×速度が保たれる話をしましたが，それと同様に角運動量保存の法則というものがあります．直線運動での運動量保存の法則を回転運動に置き換えて考えると

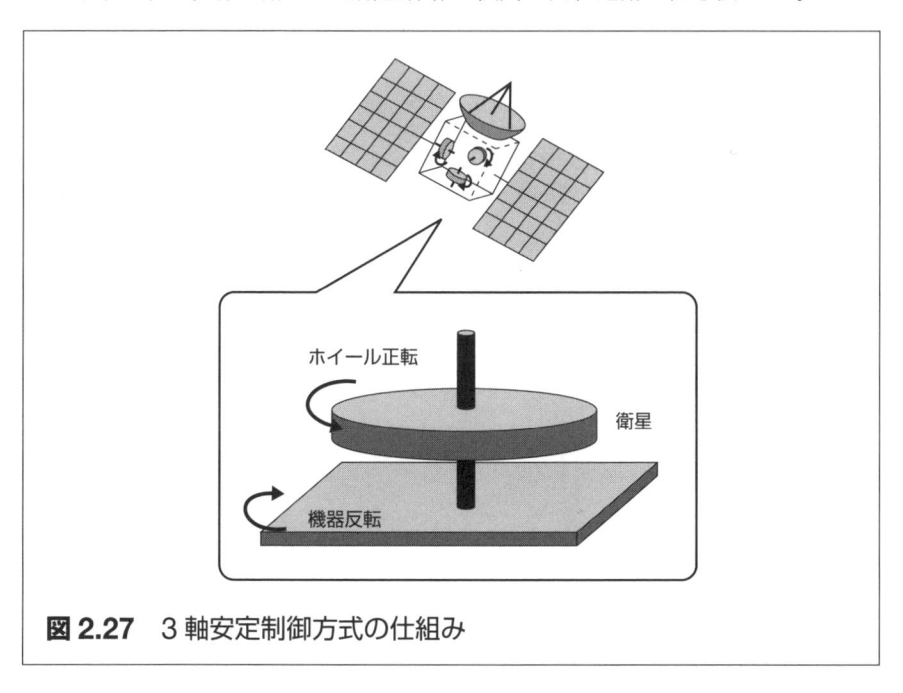

図 2.27　3 軸安定制御方式の仕組み

思ってください．ただし，この場合は，質量×速度ではなく，慣性モーメント×角速度，もしくは運動量×回転半径となります．手や足を広げてゆったりと回転していたフィギュアスケーターが手足を縮めたとたんに高速回転に変化する現象です（図2.28）．大きな慣性モーメント（手足を広げた状態）から小さな慣性モーメント（手足を縮めた状態）に変化した分，回転角速度が増えたわけです．外力によって角運動量に変化（角運動量の時間変化をトルクという）が与えられたときに，逆向きのトルクを加えて，再びバランスを取り戻すわけです．3つの軸にあわせてホイールを設置してこのような形で姿勢制御を行うのが3軸姿勢安定制御方式です．

「はやぶさ」には3基のリアクションホイールが搭載されていました．4基目を予備で搭載することもありますが，重量の関係で3基のみでした．小惑星「イトカワ」到着を待たずにまず1基が故障，「イトカワ」に接近した頃にもう1基のリアクションホイールが停止しました．リアクションホイールを失うと，ガスジェットを吹くことで衛星の姿勢を変えるRCSを使って微妙な制御を行うしかありません．当然，姿勢の微妙な制御が難しくなるため，アンテナを中利得に切り替えるなどが要求されます．「イトカワ」タッチダウン後にはガスジェットシステムにトラブルが起き，最後にはイオンエンジンの推進剤であるキセノ

図2.28 角運動量の保存

ンガスを中和器から直接噴射して姿勢制御を行うという事態になったことも多数の「はやぶさ」関連書籍にある通りです．

さて，姿勢を制御するには「向き」を知らなければなりません．そのためにセンサーが必要です．対象によって太陽センサー，恒星センサー，地球センサーなどがあります（**図 2.29**）．例えば，太陽センサーは，装置底面部に設置された太陽電池の発電電力の出力がスリットを通して入る太陽光の入射角によって変化することを利用して太陽の方向とのなす角度を測定するものです．恒星センサー（スタートラッカ）は夜空に浮かぶ恒星の配置から姿勢を認識するものです．半導体カメラなどを使って恒星の位置を測定し，衛星内にもっている星座の地図（カタログ）とパターンを比べて衛星の姿勢を識別します．最近では，より自律性を高め，かつ高い姿勢決定精度を維持するために，コンピュータの性能向上を有効利用した高速の画像処理によって全天の星座パターンから自律的に姿勢を決定する新しいスタートラッカが開発されています．

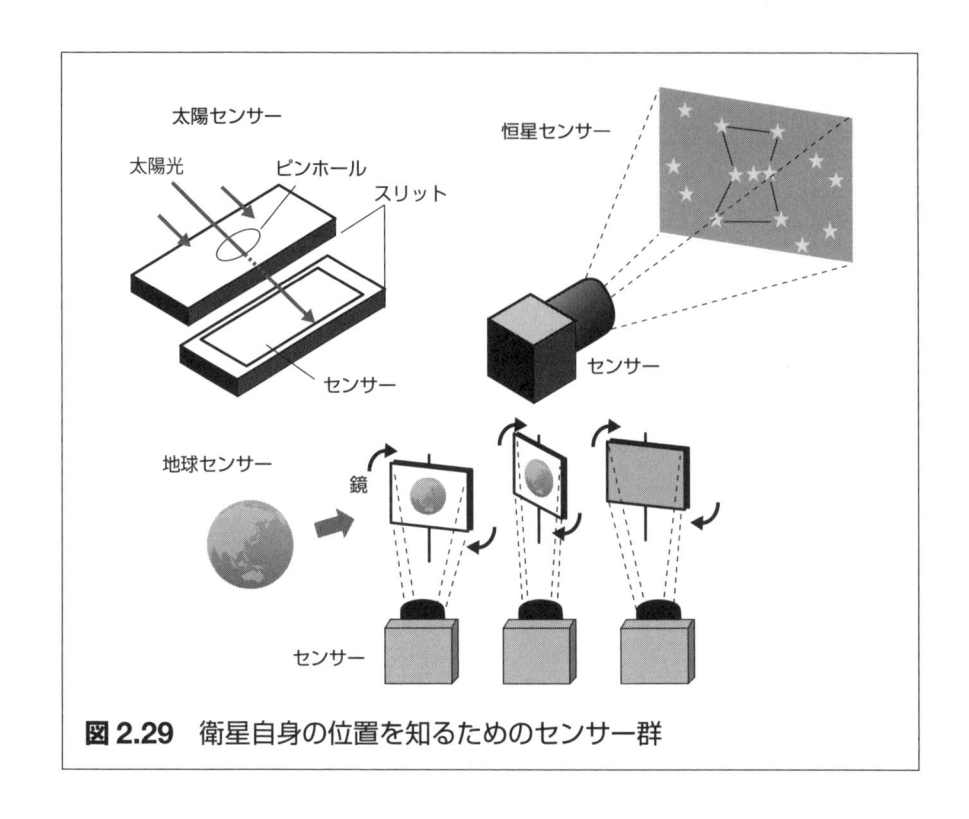

図 2.29 衛星自身の位置を知るためのセンサー群

2.8 推進系 —飛行を支える—

　ロケットで打ち上げられた後，衛星は，さまざまな理由で軌道を変更することを必要とします．宇宙ゴミ（デブリ）が飛んできた場合に軌道を変えてそれを避けたり，その後，戻したりすることもあります．探査機の場合はもっと大変で，数億とか数十億キロメートルといった長い距離を飛行することが必要です．どんな衛星も，観測，エネルギー（太陽光），通信などさまざまな目的で姿勢を変更したり回転を制御したりすることが必要です．衛星の姿勢は前節で述べたようにスピンやリアクションホイールによる3軸制御といった安定化方式によって制御されており，自動的に姿勢が維持されます．しかし，制御方式による安定化には限界がありますし，大きな外乱を受けた場合など強制的に衛星にトルク（回転力）を与えなければならないことが起きます．

　そのため，衛星にはさまざまな推進装置がついています．これを衛星の「推進系（スラスタ）」，「推進サブシステム」と呼びます．上記の目的で，衛星を移動（加速，減速），向きを変える，回転を与えるなどによって軌道や姿勢を制御することがその仕事です．宇宙空間は（低い高度の衛星については別に考慮が必要ですが）空気抵抗もなく重力も弱いですから，ロケットのような大きな推進系は不要です．衛星の「エンジン」であるスラスタの性能は通常ニュートン（N）という単位で書かれます．衛星には数ニュートンから数十ニュートン程度の出力をもつ姿勢制御用のスラスタ（RCS：Reaction Control System）が複数搭載されています．

　「はやぶさ」の場合は，衛星の各隅に都合12個の20ニュートンスラスタがRCSとして搭載されていました（**図2.30**）．1ニュートンは地球上で100グラムの物体にかかる力（重力）に相当します．そう大きな出力ではありません．見た目は小さいですが，衛星スラスタの仕組みや形はロケットのエンジンと同様です．液体ロケットと同じように燃料と酸化剤をもつ2液スラスタは，加圧された燃料，酸化剤のタンクと燃焼室，ノズルなどから構成されています（**図2.31 (a)**）．これによってノズルから高温・高圧のガスを吹き出し，その分だけ衛星が逆向きの運動量を得ます．「はやぶさ」の姿勢制御用スラスタはこの2液式でした．触媒作用を利用することで燃料だけを積む（触媒分解）1液スラスタもあります（**図2.31 (b)**）．ノズルから高温・高圧のガスを吹き出すこと

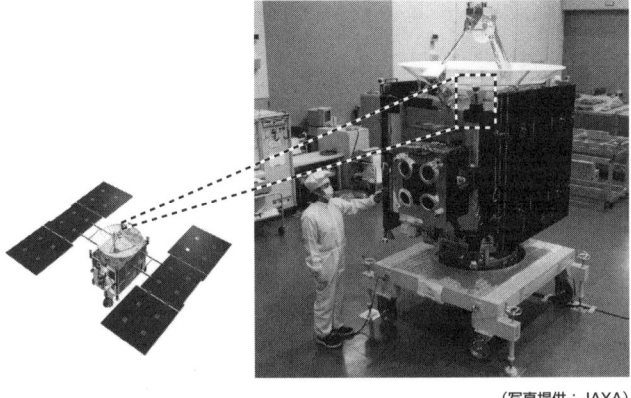

(写真提供：JAXA)

図 2.30 「はやぶさ」のスラスタ

は一緒です．仕組みが簡単で小型化できるメリットはありますが，比推力は数割低くなります．所定の高度や軌道を維持するといった小さな推力が要求される地球周回衛星の姿勢制御用のスラスタによく用いられます．ちなみに，宇宙ステーションにも軌道制御用のスラスタがついています．普通の衛星と異なるのは，そこで利用する燃料が HTV（宇宙ステーション補給機，H-II Transfer Vehicle）など地球からの宇宙船によって補給できる点にあります．今は衛星といえば，故障したら終わり，修理がきかない，燃料が切れたら終わりといった条件下で設計を考えますが，将来は地上の乗り物や建造物と同様に修理や燃料補給がもっと簡単にできる時代が来るに違いありません．

惑星軌道に投入される探査機や静止軌道投入などにはもっと大きなスラスタが必要となります．わかりやすいのは図 2.8 に示した金星探査機「あかつき」でしょう．巨大なスラスタが衛星から飛び出して見えます．これは 500 ニュートンスラスタです．地上で女性 1 人の重さを受ける程度の力で衛星を押すことができると思っていただければよいでしょう．ただし，宇宙空間であることを忘れないように．

この「あかつき」のスラスタはセラミックス製のスラスタとして世界ではじめて軌道制御に利用されました．ただ，金星軌道への投入の際にはうまく働かすことができませんでした．その後の対応は，緊急で判断しなければならないことが多々あり大変でしたが，前述のように現在は太陽を回る軌道にあり，再

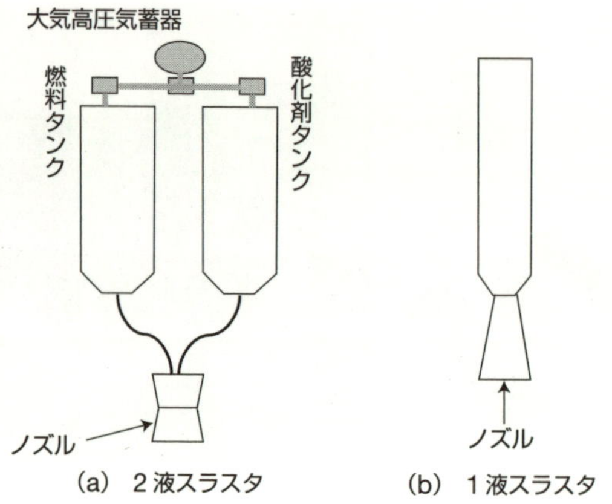
大気高圧気蓄器
燃料タンク
酸化剤タンク
ノズル
(a) 2液スラスタ
ノズル
(b) 1液スラスタ

図 2.31　衛星スラスタ

度の金星軌道投入を待っているところです．さまざまなデータ分析から，スラスタのノズルが破損したと考えられていますが，セラミックス製であったことではなく，推進系に多数存在するバルブに不具合が生じたことが原因であると推定されています．

余談になりますが，ロケットでも衛星でもバルブ故障が不具合原因に占める割合はとても大きいのです．地上のさまざまな機器でも山のように利用されている「バルブ」ですが，難しい環境条件の中で利用することや修理がきかないことなどからトラブルの原因となりがちです．探査機などの宇宙機は先端技術の固まりと思われるかもしれませんが，不具合が起こるのは得てして先端的な技術ではなく，長く利用してきた既存の機器です．この点は，「はやぶさ」の総括委員会でも「あかつき」の不具合原因究明でも共通して得られた教訓でした．

推進系にはもう1つイオンエンジンがありますが，それは4.3節でお話ししましょう．

2.9　衛星の内側を見る

これまで「はやぶさ」を例にとって外見を中心に議論してきました．一方で，

衛星の中については，意外に知られていません．一体，衛星の中はどうなっているのでしょうか．

　一軒家やマンション，車や飛行機などの設計でも同じで，利用目的を満足できなければ話になりませんから，最初に考えるべきは期待する「機能」です．機能を考慮したうえで，次に考えるべきは構造です．どんな形にしたら，かかる力に耐えられるのか，変形や座屈（荷重に耐えきれずにあるところで急激に変形すること，空き缶がぐしゃっとつぶれることをご想像ください）を避けられるかを考えます．その際，いくつか地上の乗り物や建物と違うところがあります．

　衛星が主として滞在するのは重力の小さな宇宙空間です．衛星にかかる力は地上に比べて小さく，強度への要求もそう大きくはありません．当然，地上とは異なるイメージをもって考えていかなければなりません．例えば，電波天文衛星の「はるか」や残念ながら断念した ASTRO-G は大きな展開アンテナを利用する衛星でした．10メートル径といった大きさのアンテナを宇宙で展開するうえ，高い展開形状精度が要求されていました．展開されたアンテナに重力がかかると宇宙とまったく違う状況になってしまうため，地上での展開試験は容易ではありません．数値シミュレーションも利用して，宇宙での状況を予測する手段をとりますが，それでもシミュレーションモデルの信頼性など心配な要素はたくさんあります．力学を正しく理解し，知識を駆使して宇宙での状況をイメージすることが求められます．

　ロケットに乗って宇宙空間に出て行くときに，大きな加速度が生じます．よく「〇 G」と表現されるように，この加速度は地上の数倍にもなります（1G が地上の重力加速度）．さらにロケット打ち上げ時には，さまざまな理由で振動や衝撃なども受け，瞬間的にはもっと大きな値も考慮しなければなりません．地震対策のようなものです．衛星に搭載されている機器は精密機器で，かつ修理がききません．この点への配慮はとても重要です．

　外見からもわかるように，衛星は「パネル」と一般に呼ばれるサイドパネル（構体）を基本構造としています（図 **2.32**（a））．箱形の衛星では 4 枚ですが，衛星によってはより多い枚数となります．パネルには軽さと強度が要求されますから，ハニカム（蜂の巣）状のコアを 2 枚のスキン材で挟み込んだハニカムサンドイッチ構造が使われます．4 つの側面パネルに加えて，内部に井桁のようなパネルをもつものや中央にセントラルシリンダーと呼ばれる円筒形の主柱

図 2.32 サイドパネル

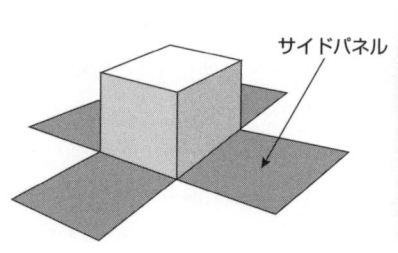

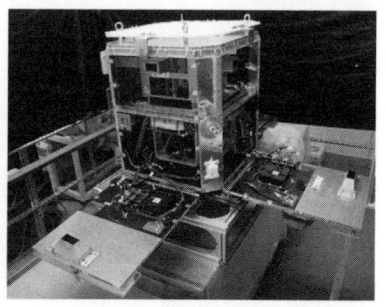

(写真提供：東京大学中須賀研究室 酒匂信匡)
小型衛星の例—Nano-JASMINEのサイトより
http://www.space.t.u-tokyo.ac.jp/nanojasmine/development/str.htm

が備えられているものもあり，これらが荷重を支えます（**図 2.33**）．スペースは有効利用しないといけないので，セントラルシリンダーの中は燃料タンクなどに利用されます．

サイドパネルは図2.32（b）のように電子機器や各機器の接続配線（ハーネス）など計装部品の取り付け部材でもあります．サイドパネルは力を受けもつ構体以外の役割も担います．例えば，宇宙空間からの放射線や過酷な温度変化から衛星機器を守ることもサイドパネルの大切な役割です．

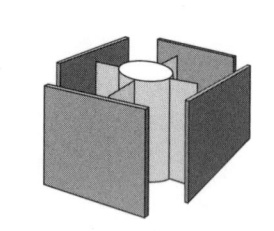

図 2.33 衛星を構成する外部パネルと計装例

2.10 人工衛星を作る材料 —使えるもの，使えないもの—

では，衛星を構成する材料はどのように考えたらよいでしょうか．

まず，ロケットと同様に衛星も軽く作る（軽量化）必要があります．ロケットに搭載するためには，観測などの機能を満たしつつ，できる限り小さく作る

こと（小型化）も大切です．一方で，前述のように打ち上げる際に大きな加速度を受けますので，振動や衝撃に耐える強度も要求されます．実際作るうえでは，加工性やコストといった面にも配慮が必要です（**図 2.34**）．

軽量化や小型化は，地上での「ものづくり」の多くにおいても求められます．では，衛星や探査機ならではという点はどこでしょうか．

宇宙空間は地上と異なる環境です．強い放射線や温度変化，そして水分や酸素がない真空に近い環境で利用されることを考えなければなりません．また，将来は違ってくるでしょうが，現状では，宇宙ステーションなどを除く衛星の部品は修理をすることができません．一方，酸素のない宇宙空間で使われることのプラス面は，錆の心配がないことです．

アルミニウム合金は衛星を構成する材料の代表格です．前節で述べたサイドパネルなどたくさんの場所に利用されます．サイドパネルでは，強度を増すためにハニカム構造となっていることはすでにお話ししました．アルミニウム合金は熱による変形や伸び縮みが大きいので，指向性の精度が要求されるアンテナ部分などには，高価ですが高強度のチタン合金がよく使われます．より強度が要求される部品にはステンレス鋼も使われます．さらに，ロケットと同様，

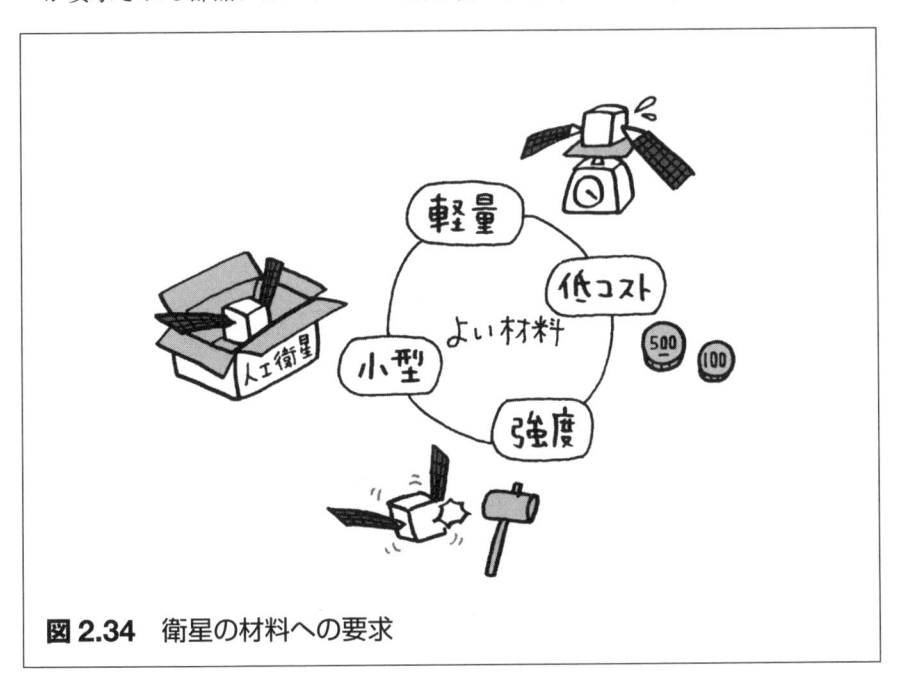

図 2.34 衛星の材料への要求

急速に強度強化や加工性の向上が進んできたCFRP（炭素繊維強化プラスチック）も用いられるようになってきました．

衛星にはたくさんの電子部品が使われています．極端にいえば，人工衛星の本体は，コンピュータと同じといってよいほどにさまざまな半導体素子や電子デバイスから構成されています．宇宙空間では磁気嵐などで高いエネルギーをもつ電子が流入したりします．帯電や放電による故障や材料の劣化は不具合につながりますから，電子機器にはしっかりした絶縁が必要です．一般に電子機器の絶縁材料にはゴムやプラスチックなどの樹脂系の有機材料が使われます．有機材料は絶縁性が高いだけでなく，軽量で柔軟，かつ加工も容易ですので，宇宙開発においてもよく使われます．ただ，材料内に潜んでいるガスが真空環境で揮発します．飛び出したガス分子が機器表面に吸着したり，放電を誘発したりして衛星の動作に深刻な影響を与える可能性があります（**図2.35**）．このようなガスはアウトガスと呼ばれ，特にコストを下げるために利用される民生品では注意しなければなりません．衛星搭載機器，特に光学系の機器では致命的な性能劣化につながります．衛星開発時に，あらかじめガスを排出させるベーキングという処理を行います．

図2.35 アウトガス

2.11 人工衛星を守る —厳しい熱環境への対策—

　衛星は金色のフィルムで包まれているように見えます．もちろん，これは「金」ではありません．実は，黄色やオレンジ色のポリイミドフィルムとアルミニウム蒸着の銀色が重なって金色に光って見えているのです．これは通常「サーマルブランケット」と呼ばれています．衛星は，宇宙空間で直接に太陽光などを受けて温度が数百度にもなり，逆に陰になってしまうとマイナス百度にもなってしまいます．このような大きな温度変化から衛星内部の機器を守らなければなりません．その役目を果たしているのが「サーマルブランケット」です．ポリイミドフィルムは化学樹脂フィルムの1つですが，その中でも超耐熱性を有しています．燃えたり溶けたりしないだけでなく，伸び縮みもしません．数マイクロメートルから数十マイクロメートルといった，とても薄いこのようなフィルムにアルミニウムを蒸着したものを数十枚重ねます．その際，フィルム同士の接触による熱伝達を防ぎ，さらに断熱効果を高めるためにダクロンと呼ばれる紙のような繊維状のものを間に挟んで，糸で縫いあわせます．数十枚の層からできている断熱シートなので，MLI（Multi Layer Insulator，多層絶縁体）とも呼ばれます．MLIは衛星関係者がよく使う言葉です（**図 2.36**）．

　ポリイミドフィルムは企業ごとに個別の名称があり，地上の利用でよく知られているのが東レ・デュポンの製品であるカプトンです．宇宙用では，宇部興産のユーピレックスがあります．ポリイミドフィルムは「サーマルブランケット」として衛星の外側に使われるだけでなく，成形されたものも含めて衛星内部でも使われています．絶縁性にも優れているので誘電体としてもよく利用されます．ポリイミドフィルムは日常生活のいろいろな機器にも使われていて，携帯やスマートフォン，デジタルカメラやPC内にあるプリント基板などでも見ることができます．オレンジ色をしているので，自分自身でPCのメモリー増設をしたり，携帯を分解したことのある方には，見たことがあるでしょう．参考までに，炭素を織り込んだ黒色のMLIもあります．月探査衛星「かぐや」にはこれが利用されました．

　さて，衛星にはたくさんの宇宙用電気・電子機器が搭載されています．PCからうるさいファンの音がするように，温度が上がると動作不良を起こしたり，寿命が縮まったりします．そのため，衛星の温度はおよそ0度から40度程度

におさえるように設計されています．温度コントロールが大切なバッテリー（寒いところに行くときには気をつけますよね）やセンサーなどは個別に温度コントロールするためのヒーターや冷却器をつけます．上記の MLI は太陽からの熱入力を防ぐ機能だけでなく，内部からの放熱を遮断する機能も担っています（図 2.37）．

MLI や個別の温度制御だけでは衛星全体の温度を十分コントロールすることはできません．熱を発生する機器もありますし，それも含めて衛星内の熱の動きを知り，衛星全体の温度をコントロールしなければいけません．ここで大切なのは，地上との違いです．風が吹いているとき，砂やゴミも風と一緒に飛んで来ます．風上側に動物小屋があれば，その匂いは風にのってやってきます．これは「対流」という性質によるもので，「熱」も対流によって運ばれます．風呂をかき混ぜて温度を一定にするのがまさにこれです．対流以外に熱の移動を起こすものに，輻射（放射）と熱伝導があります．前者については，太陽の下で暖かく感じることを思い浮かべてもらえばよいでしょう．別に何かが流れてくるわけではありません．熱伝導は，風呂を沸かすときを思い浮かべればわか

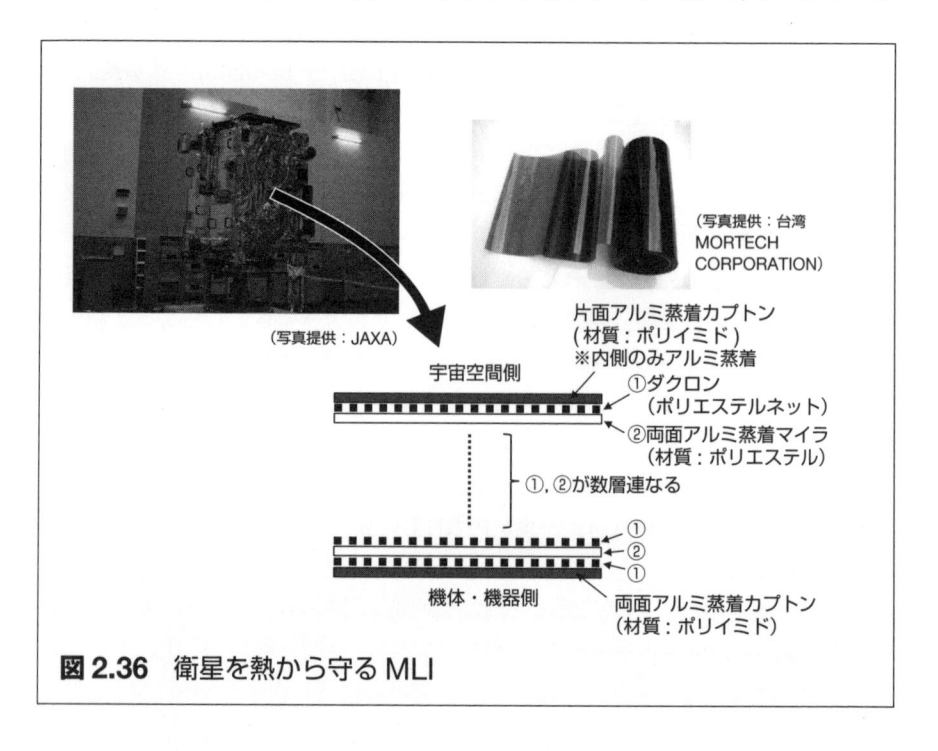

図 2.36 衛星を熱から守る MLI

図 2.37 MLI の機能

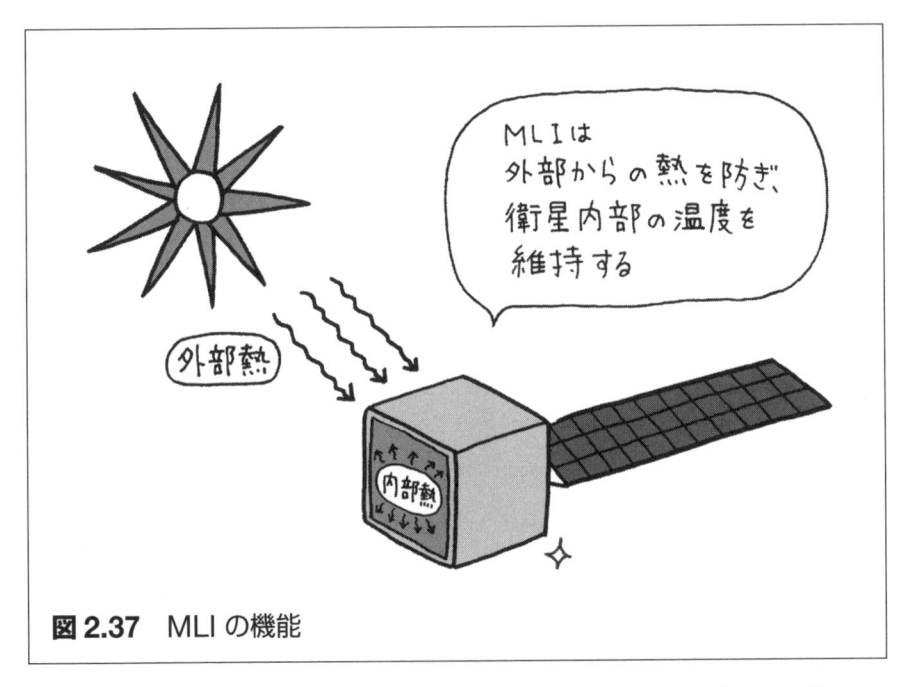

ります．次第に温度が伝わり，温めたあたりだけ温度が上がります．実際には，自然対流といって温度変化によって対流も生まれるので，風呂の下の方が冷たく，上の方が暖かくなるといったことが起きます．ストーブについても同様です．エアコンやセラミックファンヒーターとか，ファンがついているものは対流を積極的に利用するものです．一方でファンなしの電気ヒーターや石油ストーブは輻射と熱伝導を利用するものといえるでしょう．こちらは暖まるのに時間がかかります．

横道に逸れてしまいましたが，宇宙空間では対流が使えません．つまり，扇風機やエアコンのような装置で冷やすことができないわけです．伝導は1つの媒体内の熱移動ですので，結局ラジエータのようなもので放熱をするしかありません（**図 2.38**）．衛星には放熱面が設けられていて，石英ガラスに銀やアルミニウムを蒸着させているため，銀色をしています．これは **OSR**（Optical Solar Reflector，光学的太陽光反射器）と呼ばれ，太陽光を反射する目的でもありますが，同時に衛星内部の熱を輻射によって宇宙空間に追い出す（放熱）役割も果たしています．内部側のガラスや樹脂から熱を放出し，かつ太陽光は銀色でミラーのように反射するという仕組みです．

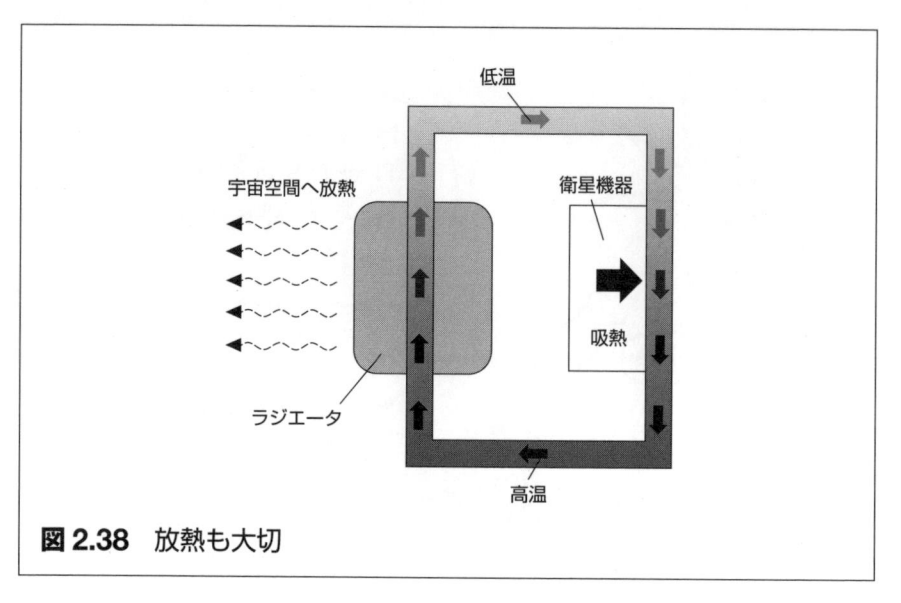

図 2.38 放熱も大切

　これで衛星が金色や銀色である理由がわかっていただけたと思います．なお，衛星の内部は黒く塗装されています．黒は赤外線を吸収するので熱交換がそれによって活発になり衛星内の温度がより一様になる効果をもっています．

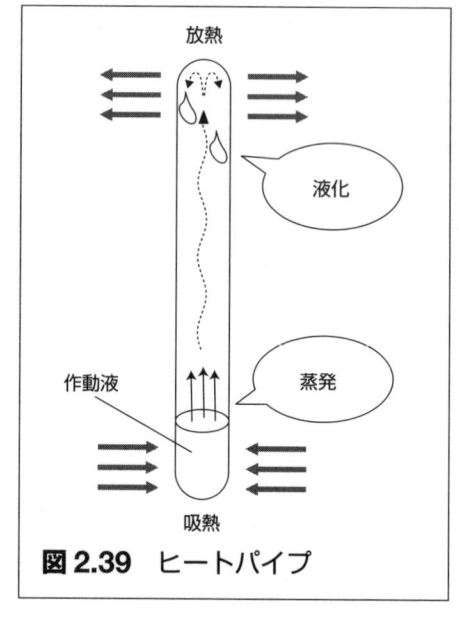

　衛星の温度をコントロールする装置に，機械的なサーマルルーバや流体の相変化を利用したヒートパイプがあります．ヒートパイプはとても有用な装置です．管状の容器にアンモニアなどの作動流体を封入した構造で，高温部で熱を吸収し気化し，低温部で凝縮によって潜熱としてそれを放出します．流体自身がうまく循環するようにしておくと，温度を制御することができる熱輸送サイクルを実現する装置となります（**図 2.39**）．

図 2.39 ヒートパイプ

第3章 人工衛星を利用する

3.1 人工衛星はどのように飛んでいる？

　人工衛星の軌道にはいくつかのパラメータがあります．例えば高度です．スペースシャトルや宇宙ステーションが利用する1,000キロメートル以下の低い軌道から，静止衛星が利用する4万キロメートルを超える高い軌道もあります．およそ2,000キロメートル以下を低軌道（LEO：Low Earth Orbit），そこから地球と同期して公転する衛星が使う3万6,000キロメートルまでを中軌道（MEO），それ以上を高軌道（HEO）と呼びます．数百キロメートル程度の低軌道にはたくさんの衛星があります．

　次に周回する場所，軌道の傾きです．傾きは赤道を基準にするので，赤道を回る衛星は0度，極域を回る衛星は90度程度の軌道傾斜角をもちます（**図3.1**）．

　衛星は必ずしも丸い軌道（円軌道）を描いているわけではありません．多くの場合は楕円の軌道（楕円軌道）を描いています（実は惑星の多くも太陽を回る楕円軌道上にあります）．地球に最も近い点を近地点，遠い点を遠地点と呼びます．当然，金星ならば近金点と遠金点となります．また，それぞれを通過するときの高度をそれぞれ遠地点高度，近地点高度といいます．楕円の度合いは離心率で表すことができます．近地点が低軌道で，遠地点が後述の静止軌道となるものは，静止トランスファ軌道（GTO：Geostationary Transfer Orbit）と呼ばれ，円軌道である静止軌道に人工衛星を投入するための一時的な軌道と

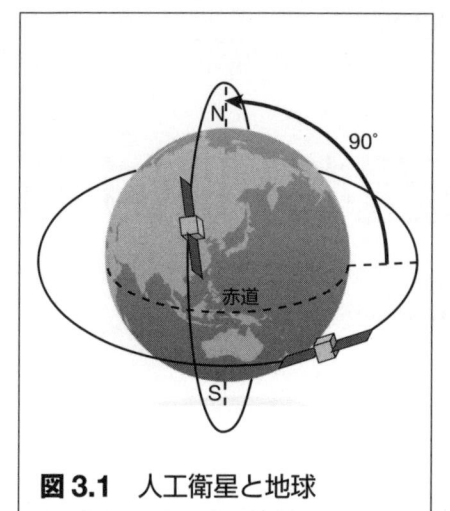

図 3.1 人工衛星と地球

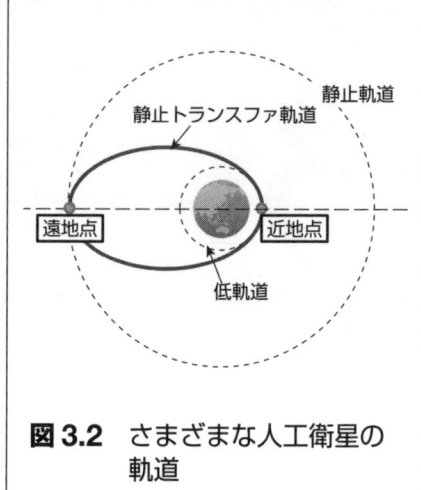

図 3.2 さまざまな人工衛星の軌道

して利用されます（図3.2）．

　最後に地球周りの回転周期について述べましょう．1日に人工衛星が何回地球を周回するかはともかく，それがちょうど整数となるものを回帰軌道と呼びます．この場合，地球上から見ると，1日に何回か見る可能性もありますが，次の日の同じ時刻には同じ空に再びその衛星が現れることになります．その中でも，地球の自転周期と人工衛星の公転周期が等しい場合は同期軌道と呼ばれます．静止軌道は地球の自転と同じ周期で回りますので，地球（対地）同期軌道です．

　1日では整数にならなくても，何日かでちょうど整数になる軌道もあります．公倍数のようなものですね．これを準回帰軌道と呼びます．この場合は，一定の日数後の同じ時刻には同じ空に再びその衛星が現れることになります．

　今度は太陽との関係で考えてみましょう．ちょっと難しいいい方ですが，衛星の軌道面に入射する太陽光の角度が同じになる軌道を太陽同期軌道と呼びます．これも含めて，軌道全体については次節でもう少し詳しく述べます．

　以上，地球の周りを回る人工衛星だけを対象に述べてきましたが，ロケットの推力が十分高い，もしくは同じ推力でも軽い衛星であれば，第二宇宙速度を超えて地球の重力場を脱出することができます．この場合は，地球の周回軌道を離れて，太陽周回の軌道に入ることが可能です．1.5節でも述べたように，地球の周りに衛星として存在できるためのロケットの達成速度は秒速7.9キロメー

トル（第一宇宙速度）ですが，地球の重力場を脱出するには秒速 11.2 キロメートル（第二宇宙速度）が必要です．時速ではなく，秒速です．高速道路を走る自動車が秒速 30 メートル，新幹線が秒速 90 メートル，典型的な民間航空機が秒速 200 メートルですから，いかに高い速度が要求されるかがわかります．2027 年開業予定の JR 東海のリニアエクスプレス（中央新幹線）で 40 分かかる東京－名古屋間を 30 秒ほどで移動できるスピードです（**図 3.3**）．

日本で最初にこのような軌道に入ったのは探査機「さきがけ」で，1985 年冬に M-3SⅡ ロケットの初号機によって鹿児島県内之浦宇宙空間観測所から打ち上げられました（**図 3.4**）．ここでは地球スイングバイという地球の公転を利用して衛星を加速する技術も日本ではじめて使われました．このように，地球の重力圏を脱出して太陽系やさらに太陽系の外を探査する衛星を一般には，「探査機」と呼びます．

なお，第一宇宙速度以下でも，一時的には「宇宙」を味わうことができます．これを弾道飛行（**suborbital flight**）（**図 3.5**）と呼び，それを実現できる速度を弾道軌道速度と呼びます．最近，観光目的でさまざまな宇宙旅行がとりざたされていますが，これらは数分間とか宇宙を味わえるもので，みな弾道飛行です．これについては，別途 4.9 節でさらにお話しします．

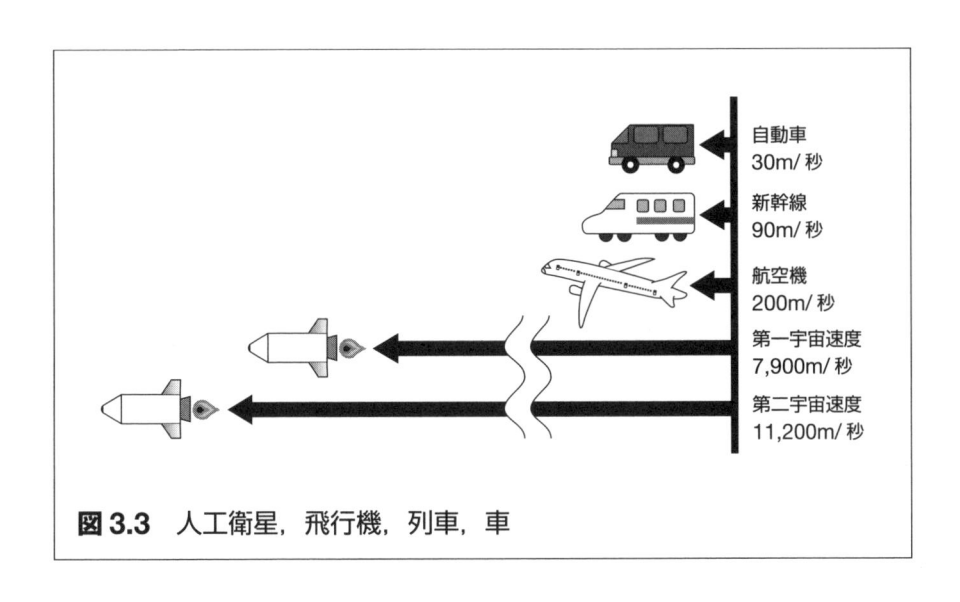

図 3.3 人工衛星，飛行機，列車，車

(画像提供：JAXA, ISAS ニュース No.279)

図 3.4 日本初の探査機「さきがけ」

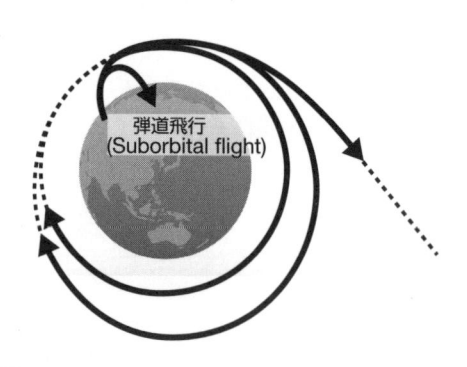

図 3.5 弾道飛行

3.2 目的によって変わる人工衛星の軌道

　1.10 節でも前節でも述べたように，衛星はその目的によってさまざまな軌道で地球を回ります．

　例えば，日本だけをずっと見ていたいなど，地球上の同じ地点（領域）だけを観測したい場合には**図 3.6** のような静止軌道が適しています．衛星は地球の自転にあわせて 1 日に 1 回転赤道上を回ります．地球上から見ると，あたかも

静止しているように見えることから、このような軌道を静止軌道，衛星を静止衛星と呼びます．どんな場合に使うか想像してみてください．TVの衛星放送であればおよそ国内をカバーできれば十分ですね．気象衛星も日本に近い地域だけに興味があれば，同様です．日本は赤道上ではなく北緯35度の位置にありますから，本当は図3.7 (a) のように衛星が回ってく

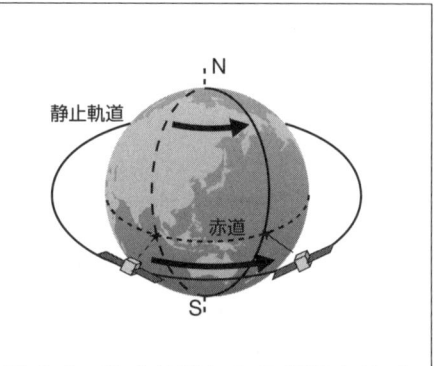

図 3.6 静止軌道にある衛星と地球

れればよいのですが，そうはいきません．図 3.7 (b) は可能ですが，これでは日本の上空から離れてしまいます．結局，日本向けの静止衛星も赤道上に置くしかありません．気象衛星「ひまわり」は日本（明石：東経 135 度）とほぼ同じ位置にある東経 140 度の赤道上，高度 3 万 6,000 キロメートルのところを飛んでいます．静止軌道は地球の引力と地球の周りを回転する人工衛星の遠心力とをつりあわせることで成立するので，およその高度は簡単に計算することが

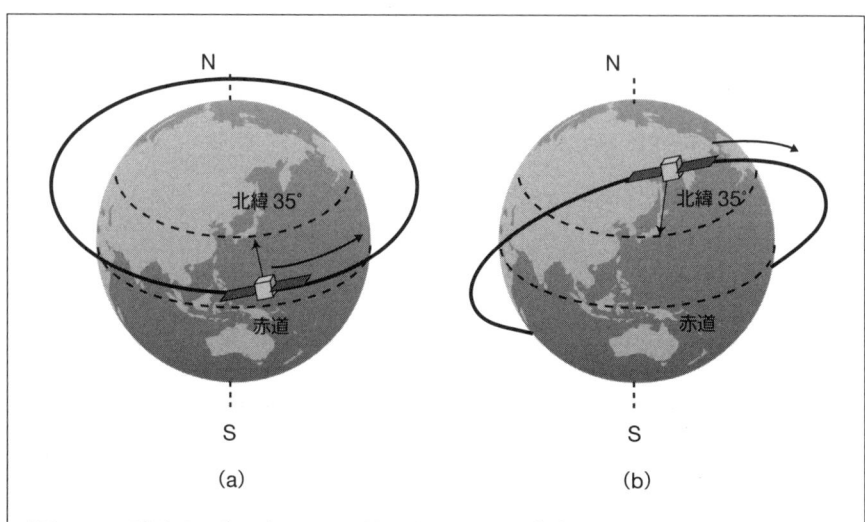

図 3.7 残念ながら実現不可能な静止軌道（a）と可能だが日本上空にいられない軌道（b）

可能です（**図 3.8**）．

では，地球全体を観測したい場合，どのようにすればよいでしょうか．

南北に回ることができれば，地球は自転しますので，東西方向にスキャンすることができます．南北が次第にずれてきますが，観測できる地域を重ねていくと，一定の周期ですべての場所を観測することができます．これが極軌道です．極軌道を使う衛星は，情報収集衛星，気象衛星，リモートセンシング，地球観測衛星などです．地軸（地球の自転軸：北極と南極を結ぶ線）は太陽に対して 23.4 度傾いているので，地球の公転にあわせて**図 3.9** のように 1 年間で衛星の軌道面が一回転するようにすると，太陽から見た角度が常に一定になり，衛星からの地球観測をいつも同じ条件のもとで実現することができます．実際には，完全な極軌道では軌道面が回転しないので，軌道傾斜角を 90 度よりも少し大きくすることで，地球と同じ方向に回転させます．太陽と衛星の関係が同期しているので，このような軌道は太陽同期軌道と呼ばれます．

では GPS 衛星はどうでしょうか．地図情報や移動情報にスマートフォンや PC で Google map などを使われている方は多いでしょう．位置情報を得るには地上の基地局だけでなく GPS（Global Positioning System）の衛星が使わ

半径 R の地球の周りを軌道半径 r で回る物体を考える．
万有引力と遠心力のつりあいより，

$$G\frac{Mm}{r^2} = mr\omega^2. \quad \ldots(1)$$

G：万有引力定数　　M：地球の質量
m：物体の質量　　ω：角速度

また，物体が地上にあるときの重力は mg なので

$$G\frac{Mm}{R^2} = mg. \quad \ldots(2)$$

(1), (2) より

$$r = \left(\frac{gR^2}{\omega^2}\right)^{\frac{1}{3}}. \quad \ldots(3)$$

実際の数値

$g = 9.8 [\text{m/s}^2]$, $R = 6{,}378 [\text{km}]$, $\omega = \dfrac{2\pi}{23\text{時間}56\text{分}4\text{秒}} = 7.292 \times 10^{-5} [1/\text{s}]$,

を代入すると(3)より，$r = 42{,}166 [\text{km}]$．
高度 h は地球の半径 R を差し引くと得られる．
　　$h = r - R = 42{,}166 - 6{,}378 = 35{,}788 [\text{km}]$．

図 3.8 静止軌道の高度は何キロメートルくらい？

れます．GPS衛星からの電波の発信と受信の時刻差によってその衛星からの距離を割り出します．ちょうど3本の足で椅子が安定するように，測位（位置特定）には測位衛星3機が必要で（**図3.10**），これにより場所を特定できます．さらにもう1機によって時計の誤差を補正し，合計4機とすることで正確な位置を特定できるようになります．後述のように，地球全体の情報を得るには，軌道上に打ち上げられた多数の衛星全体で地球上の全域をカバーします．GPSとは，正確には米国のシステムのことであり，より一般的には，全地球測位システム（GNSS：Global Navigation Satellite System）と呼ばれます．全世界で常に測位を可能とするには，**図3.11**のように高度2万キロメートル程度の軌道上に全体で20～30機の測位衛星を稼働させる必要があります．

　日本はいわゆる準天頂衛星を4機以上打ち上げ，そのうちの1機を常に日本の上空に位置させることで，国内の測位精度を高める計画を進めています．赤道上にある衛星の場合，真下の地球面は赤道上になりますが，**図3.12**のように軌道面が傾いていると，地球面上の真下の位置は対称な8の字を描くことになります．その軌道が楕円になると，8の字は非対称になります．準天頂衛星では，日本付近が長時間見える軌道とするために北側の高度が最も高く，速度も

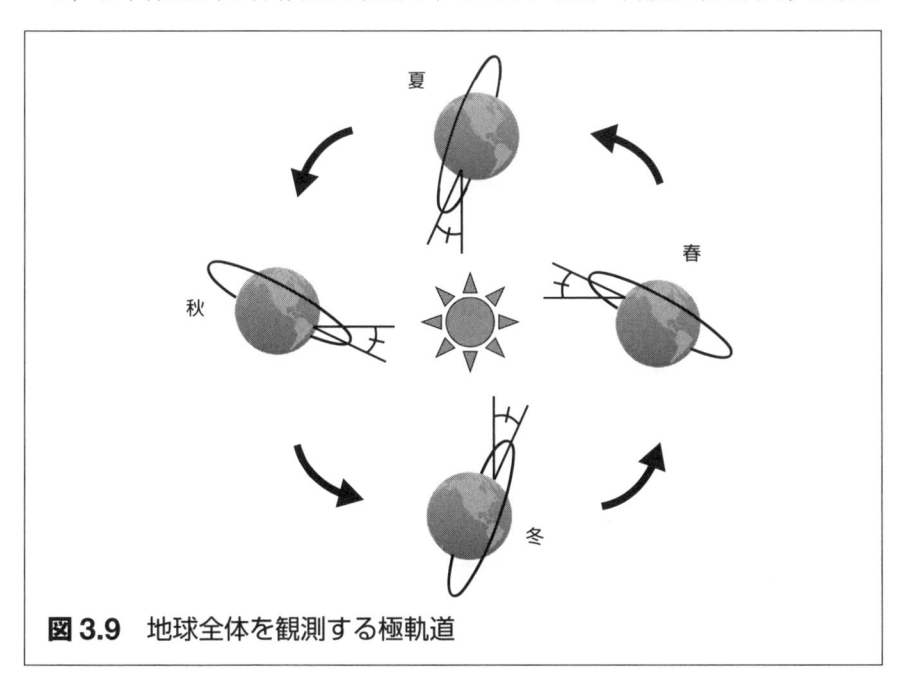

図3.9 地球全体を観測する極軌道

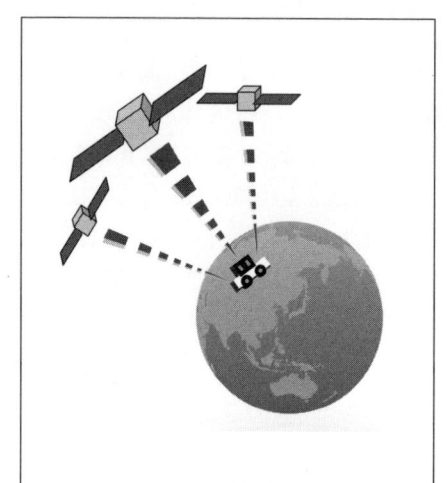

図 3.10 位置を特定する GPS（測位）衛星

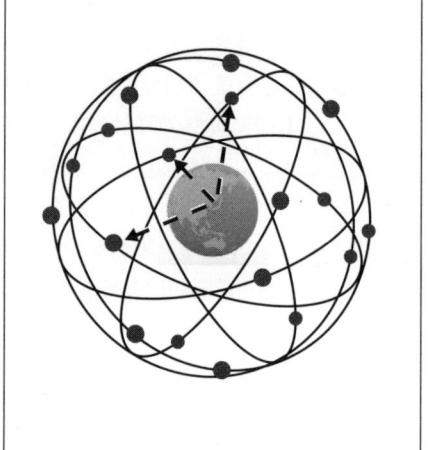

図 3.11 何十機もの GPS 衛星で世界をカバーする

速い楕円軌道（**図 3.13**）としています．

人工衛星の軌道について，下記にまとめておきましょう（**図 3.14**）．

同期軌道

同期軌道とは，1日に1回地球の周りを回ってまたもとの地点の上空に戻ってくるような軌道で，「静止軌道」が代表例．常に赤道上空に位置する静止軌道は軌道傾斜角が0度ですが，傾斜角をもつ楕円軌道でも同期軌道とすることができます．静止軌道ではカバーしにくい高緯度の観測や通信に利用されます．

回帰軌道

回帰軌道は1日の間に何周か地球を周回してもとの地点に戻る軌道．北極や南極に近い高緯度帯の観測や通信に利用されます．

準回帰軌道

回帰軌道と同じく1日に何周か地球を周回しますが，もとの地点に戻るのが数日後となるような軌道．長期的，定期的に同一地域の観測が可能で，地球観測衛星などに利用されます．

太陽同期軌道

太陽同期軌道は，名前の通り，人工衛星と太陽との関係が常に同期するような軌道．軌道面と太陽方向が年間を通して常に一定になるよう，四季すなわち

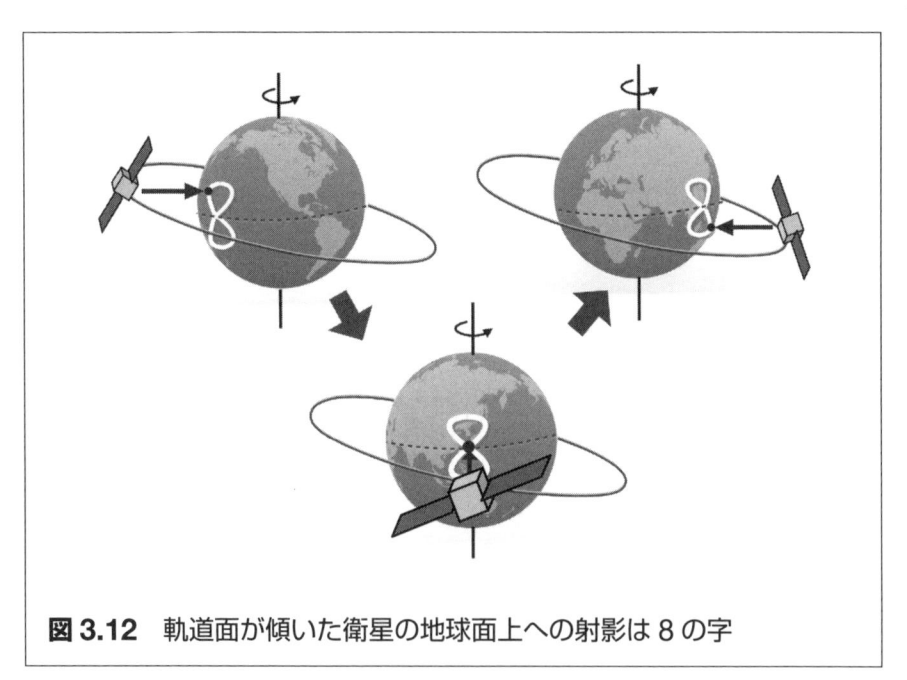

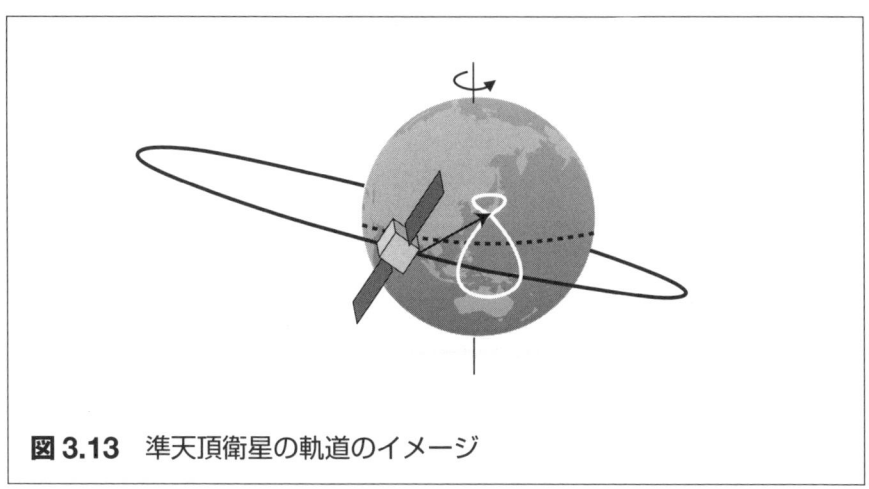

図 3.12 軌道面が傾いた衛星の地球面上への射影は 8 の字

図 3.13 準天頂衛星の軌道のイメージ

1年で軌道面が1回転します．軌道傾斜角を90度よりも大きくすることでこれを実現します．同一条件での地球表面観測に適します．
太陽同期準回帰軌道
太陽同期軌道と準回帰軌道を組み合わせた軌道．地表にあたる太陽光線の角

図 3.14 さまざまな軌道

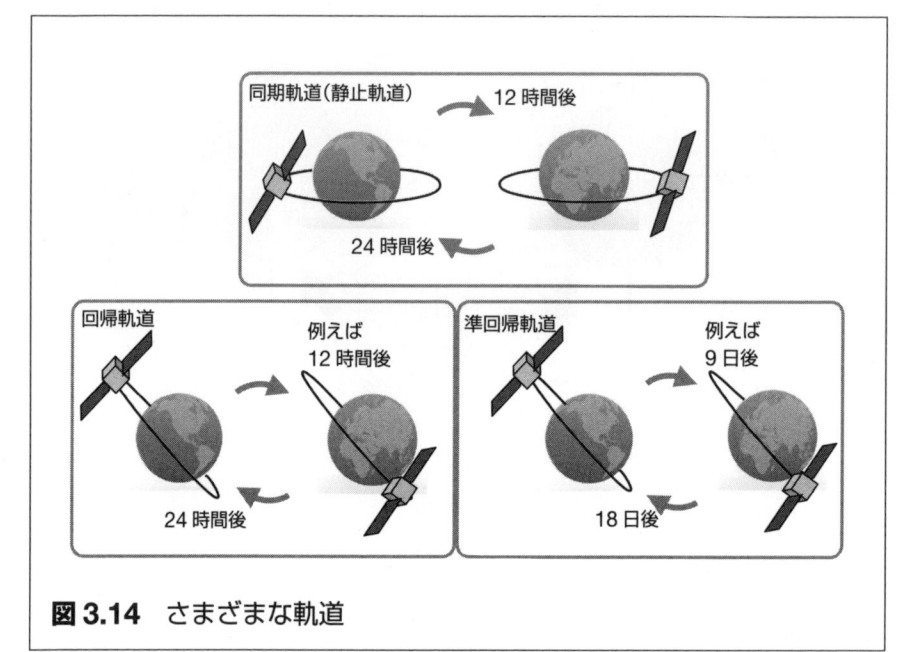

度が常に同じという太陽同期軌道の特性に，1日に地球を数周して数日後に同一地点上空に戻ってくるという準回帰軌道の特性を組み合わせます．太陽と同期しているので数日後の通過時間帯が同じになります．地球観測衛星が利用する軌道です．

3.3 人工衛星のほとんどは地球近傍

　地球の周りを回っている衛星が飛翔する高度は 400 キロメートル程度から数万キロメートルまで，その用途によって多種多様であることは 3.1 節でお話ししました．地球1周が4万キロメートルですから地球の半径は 6,500 キロメートル弱です．地上から高さ方向に進むと，大気圏がおよそ高度 100 キロメートルまで続きます．そのあたりまで行くと真っ暗になり地球の「縁」がはっきり見えてきます．ロケットの速度が第一宇宙速度を超えると地球周回の衛星となりますが，それを超えない条件下で，このクラスの宇宙空間に到達するような飛び方を「弾道飛行」と呼びます（**図 3.15**）．ちょうど砲弾が飛んでいくよう

図 3.15 高度で見る弾道飛行

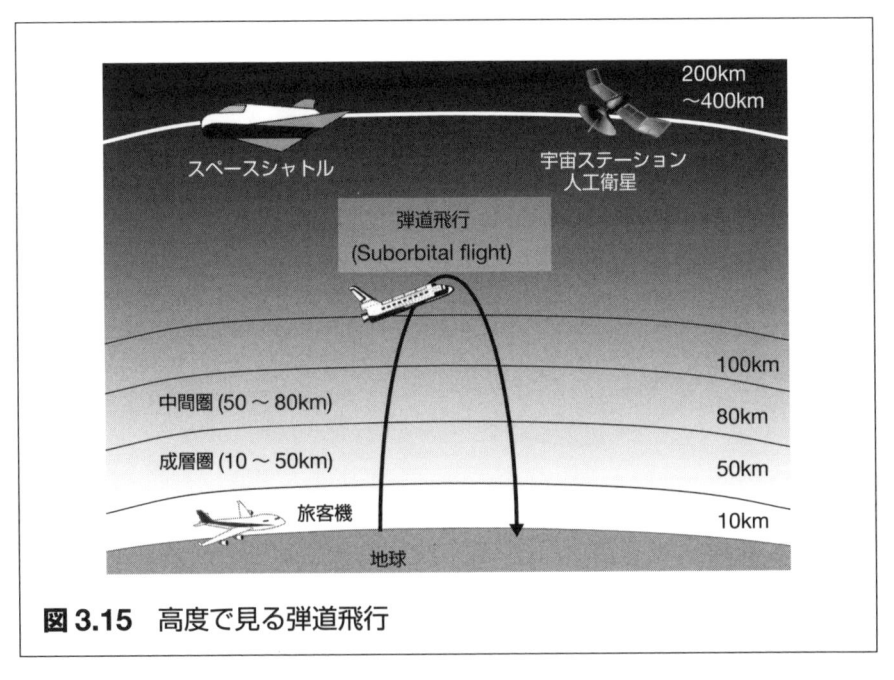

なイメージだからでしょう．特に，宇宙空間へ移動するための推力の要求が緩和されるため，最近は宇宙観光（4.10 節参照）用の利用がはじまろうとしています．衛星の高度の話には，よくリンゴが登場します．例えば，地球をリンゴにたとえると，宇宙ステーションの高度 400 キロメートルはリンゴの表皮からわずか数ミリメートル離れたところになります．「宇宙」といっても，これら低軌道の衛星はほんのちょっとだけ地球から浮いた場所に行っているだけなのです（**図 3.16**）．

地球から月まではおよそ 38 万キロメートルです．さすがに月はリンゴの半径の 50 倍ほど離れた場所になります（**図 3.17**）．距離の違いだけを考えても，月に探査機を送るのは，地球の周りに衛星を送るのと違って，格段に大変であることがわかっていただけるでしょう．

人類がはじめて人工衛星スプートニクを飛ばしたのが 1957 年，人類がはじめて自ら宇宙空間に出たのが同じくスプートニクによる 1961 年（ガガーリンの「地球は青かった」は有名）です．国威発揚的な米ソの宇宙開発競争があり，1961 年のケネディ大統領による「10 年以内に月に人類を立たせる」という米国のフロンティア精神に訴える発言があったとはいえ，それからわずか 8 年後

図 3.16 地球をリンゴに例えたら人工衛星はどのあたりに

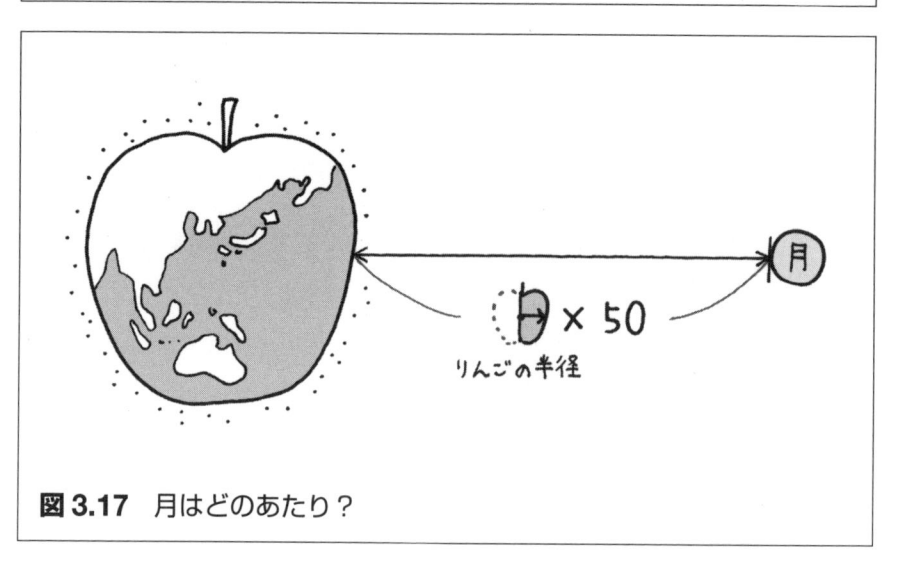

図 3.17 月はどのあたり？

の 1969 年にこんなに遠い月に人類が降り立ったというのは驚異です．月面に降り立った宇宙飛行士の 1 人，ユージン・サーナン（Eugene Cernan）氏とある会議で一緒になったことがあります．彼は月面探査車で走り回ったことをレーシングカーにでも乗ったかのように楽しそうに話してくれました（**図 3.18**）．
　では火星や金星といった惑星はどうでしょう．月に行くのと火星に行くのと

図 3.18 月面探査車と宇宙飛行士

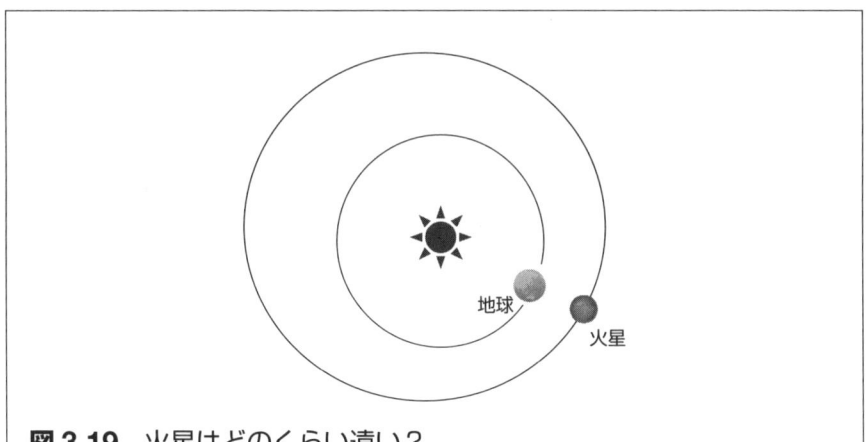

図 3.19 火星はどのくらい遠い？

を同じようにお考えの方もいるかもしれません．これがまた大きな違いです．ご存じの通り，月は地球の周りを，惑星は太陽の周りを回っています．例えば，最も身近な惑星である火星を考えましょう．軌道という面だけで考えても，太陽を中心にして，地球の外側，距離にして太陽から地球のさらに 50％程度外側を回っています（**図 3.19**）．太陽と地球の距離 1 AU は 1 億 5,000 万キロメートルですので，太陽を中心にした半径方向で考えると，地球と火星の距離は 7,500 万キロメートル程度になります．月の 38 万キロメートルとは比べものにならないくらい遠方です．もちろん，探査機を火星に飛ばすのに，いきなり軌道をまたいで**図 3.20** のように直線的に移動することはできません．まず地球周

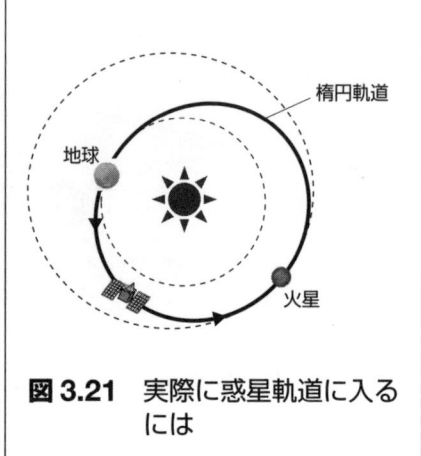

図 3.20 探査機はほかの惑星を直線で結ぶようには飛べない

図 3.21 実際に惑星軌道に入るには

回の軌道に入り，エンジン（スラスター）を吹かして火星と地球の間を回る楕円軌道に入れ，そこから再びエンジンを吹かして火星周回の軌道に入れるといった手続きを踏まなければなりません（**図 3.21**）．また，地球も火星もそれぞれの公転速度で太陽の周りを回っています．図 3.21 にあるような移動をしたとき，そこにちょうど探査対象の惑星が来てくれていないと意味がありません．惑星の相対的位置が同じになるまでの周期を会合周期と呼びますが，火星到達までの時間を最短にしたいなら，このタイミングがあうことが打ち上げのチャンスとなります．その結果，打ち上げの時期に制限が出ます．火星の場合は，これが約 2 年おきです．

火星ですらこれですから，より遠い惑星となるとどれほどの距離で，そこに正確に探査機を飛ばすことがどれだけ大変かはもう説明するまでもないでしょう．

3.4 人工衛星を軌道に入れる

前節で火星軌道への探査機投入の話が出ましたが，一般に人工衛星を希望する軌道に入れるためにどのような工夫をしているのでしょう．

目的に応じて軌道が異なることは 3.2 節でお話ししました．目的の軌道に入れるためには，各段階で多くのことが考えられています．

まず，打ち上げから考えてみましょう．地球周辺の衛星といえども，いつで

も打ち上げられるわけではありません．何度も述べているように重量の軽減化は衛星の最重要な工夫の1つですので，必要となる燃料も最小限にできるタイミングを選ぶことが必要です．

例えば，通信や気象衛星のような静止軌道にある衛星は常に直下が同じ場所になるように地球と一緒に回っています．当然，打ち上げは東向きが合理的です．いったん，トランスファ軌道と呼ばれる楕円軌道に入り，遠地点で衛星のアポジ（軌道制御用）エンジンを利用して静止軌道に入ります．ここで大切なのは，ロケットから分離後の時間帯での太陽と地球の位置です（**図 3.22**）．衛星が太陽と地球の反対側に来てしまうと日陰となってパドルを大きく広げても太陽電池パネルから電力をもらうことができません．できるかぎり長い時間，地上局から見えて（可視），かつ日照状態が長く続くように打ち上げのタイミングを考えなければなりません．

さらに難しいのは，南北に回る極軌道の場合です．極軌道のためには南に向かってロケットを打つのが望ましいことになります．目標とする極軌道が射点を通過するタイミングがよいのですが，南に島などがありますから，日本の場合には単純にそうすることはできません．そのため，少し曲がった方角にひとまず打ち上げ，軌道を曲げることで希望する軌道傾斜角を実現することになります（**図 3.23**）．

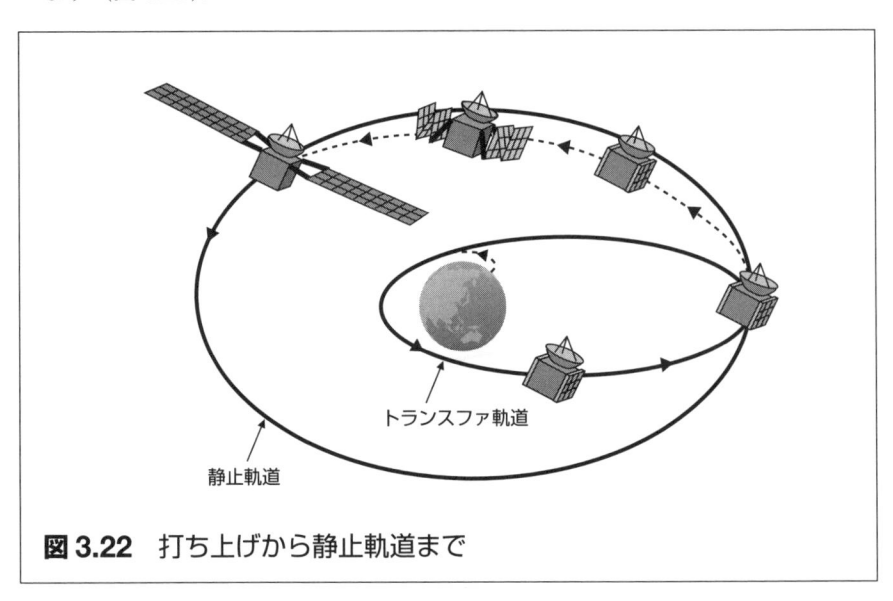

図 3.22 打ち上げから静止軌道まで

探査機の場合はどうでしょうか．地球の重力圏を脱しなければいけませんが，そのために，まずは衛星を地球周回の軌道に乗せることから考えましょう．1.10 節に地上に落下せずに地球の周りを回り続けることができるための速度は第一宇宙速度と呼ばれ，それが秒速 7.9 キロメートルであると書きました．ロケットは地上付近では鉛直方向に飛んでいきます．本来は，衛星を軌道に乗せることが最終目的であることを考えると，本当は水平に飛ばすのが合理的です．ところが，地球付近には大気があります．地上付近では空気抵抗が大きくロケットの邪魔をします．そのため，まずは垂直方向に飛んで，大気がほとんどないところ（大気圏外）に到達した後に次第に水平方向に向きを変え，衛星を切り離しています．大気がないので，衛星にかかる力は地球の重力だけです．衛星の質量と地球の重力加速度から生ずる力とつりあうだけの遠心力を有していれば，衛星は地上に落下しなくなります．このつりあい式を**図 3.24**に示します．大きな遠心力を得るためには速い速度で回ることが必要です．地上すれすれを飛ぶ場合を想定すれば，今求めたい最低限必要な速度が出せます．そこで r に，地球の半径を代入します．ここから得られるのが，第一宇宙速度である秒速 7.9 キロメートルです．ではさらに高い速度になっていくと衛星はどうなるのでしょう．**図 3.25**をご覧くだ

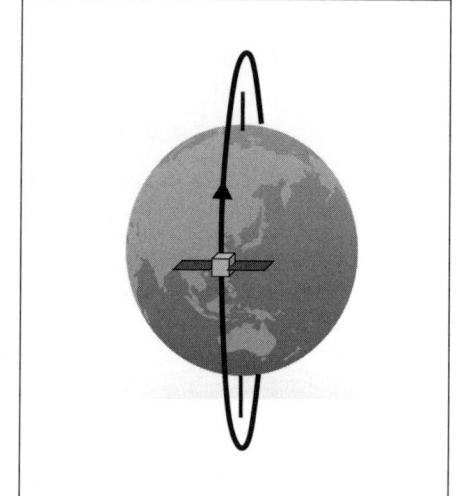

図 3.23 極軌道の場合は？

$$m\frac{v^2}{r} = mg$$

遠心力　重力

m：衛星の質量　　v：衛星の速度
r：衛星の軌道半径　g：重力加速度

図 3.24 遠心力と重力とのつりあい式

図 3.25 地球重力圏の脱出―探査機

第一宇宙速度
(秒速 7.9 km)

第二宇宙速度
(秒速 11.2 km)

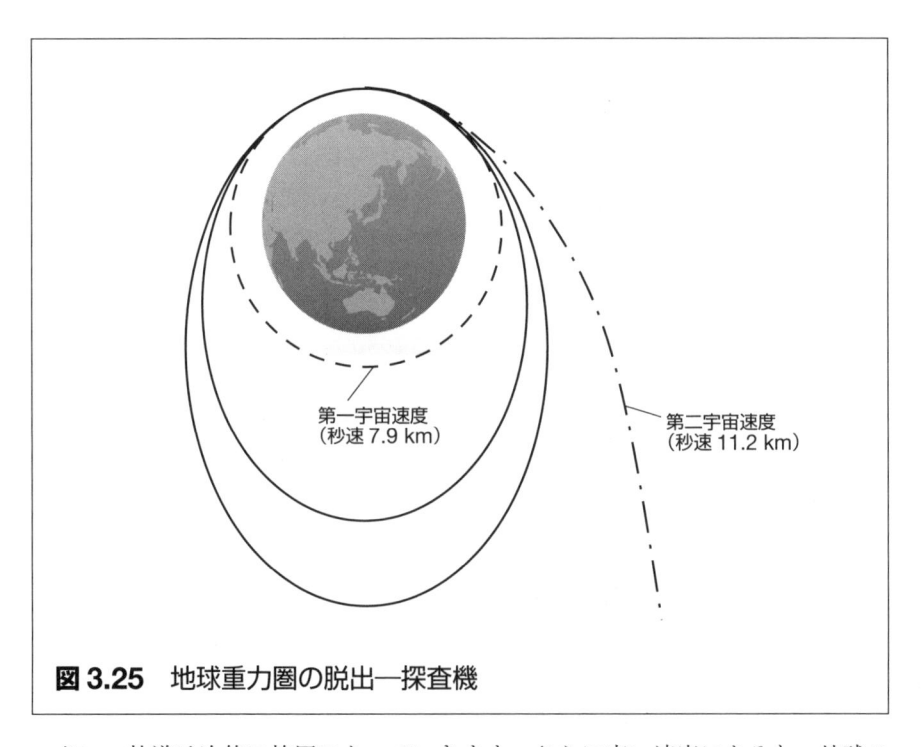

さい．軌道は次第に楕円になっていきます．さらに高い速度になると，地球の重力圏を脱出します．このときの速度を第二宇宙速度と呼びます．2.1 節にあるように，第二宇宙速度は秒速 11.2 キロメートルです．惑星探査機は高い高度の地球周回から地球の重力圏を脱出していきます．衛星の高度が高ければ速度はその分小さくできますので，実際には，より小さな速度で脱出できます．脱出した後は太陽の重力圏，ほかの惑星に近づけば，その惑星の重力圏の影響を考えていくことになります．その際，前節でも述べたように，対象となる惑星との会合周期が重要になります．後述の「のぞみ」と「はやぶさ」のところでも登場しますが，軽量化を余儀なくされてきた日本の惑星探査機においては，軌道変更に必要な燃料を減らすためスイングバイという技術が重要な役割を果たしてきました．4.2 節に関連する話題を書いてありますので，参照ください．

3.5 衛星の飛翔と軌道の制御

　人工衛星はどのくらいの速度で飛んでいるのでしょう．ロケットより速いのでしょうか，遅いのでしょうか．

　1.10節の打ち上げ射場のところでも触れましたが，地球自身も超高速で回転していて，その速度は赤道で毎秒500メートル，日本のあたりで毎秒400メートル程度です（1.10節参照）．秒速ですので数字だけを見て勘違いしないようにしてください．ジェット機よりもずっと速い速度です．これを入れると話が複雑になるので，地球が止まっているイメージ（慣性系）でロケットの速度を考えると，例えばH-IIAやH-IIBの場合に2段目が到達する速度は衛星分離時点で秒速7～8キロメートル程度です．さすがに速いです．参考までに逆に地球に戻る方を考えてみると，スペースシャトルが秒速約8キロメートルですし，地上に落下して回収された「はやぶさ」のカプセルの最大速度は秒速12キロメートルを少し超えた数字でした．さらに速いですね．こちらは黙っていれば重力でどんどん速度が上がりますが，大気による熱などを考えて速度を高くし過ぎないように工夫しています（**図3.26**）．カプセルについては4.4節でさら

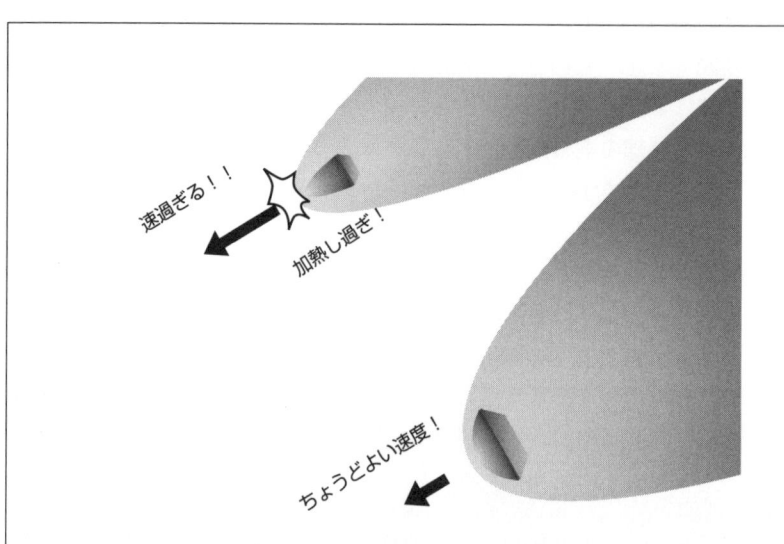

図3.26 地球再突入カプセル

に述べます．

では衛星の速度を考えましょう．スペースシャトルの高度がおよそ 300 キロメートル，宇宙ステーションの高度がおよそ 400 キロメートルです．重力は距離が大きくなるとともに小さくなります．一方で，それとつりあうべき遠心力は速度の 2 乗に比例しますから，高い軌道高度をもつ衛星の速度はかなり遅いものになります．例えば，気象（静止）衛星「ひまわり」は 3 万 6,000 キロメートルという高い高度にあり，その速度は毎秒約 3 キロメートル程度です．低い高度にある宇宙ステーションの速度は秒速 7.7 キロメートル程度です．

秒速でキロメートルレベルの速度というのは地球上ではほとんどありません．図 3.3 にも示しましたが，秒速で表示すると，民間の航空機でも毎秒 200〜300 メートル程度ですから，衛星がいかに高速で飛んでいるかがよくわかってもらえると思います．ちなみに探査機の速度はどうかというと，小惑星探査機「はやぶさ」の総航行距離と時間，また「イトカワ」との会合から想像できるように秒速 30 キロメートルにも上ります．探査機も加えた速度の比較を改めて**図 3.27** に示しておきましょう．

高高度にある衛星は，太陽や月の引力，地球が完全な球形ではないことなどの影響で，その軌道が少しずつずれてきます．また，低軌道の衛星の場合は，わずかながらとはいえ大気による抵抗があるため，高度が次第に下がってしま

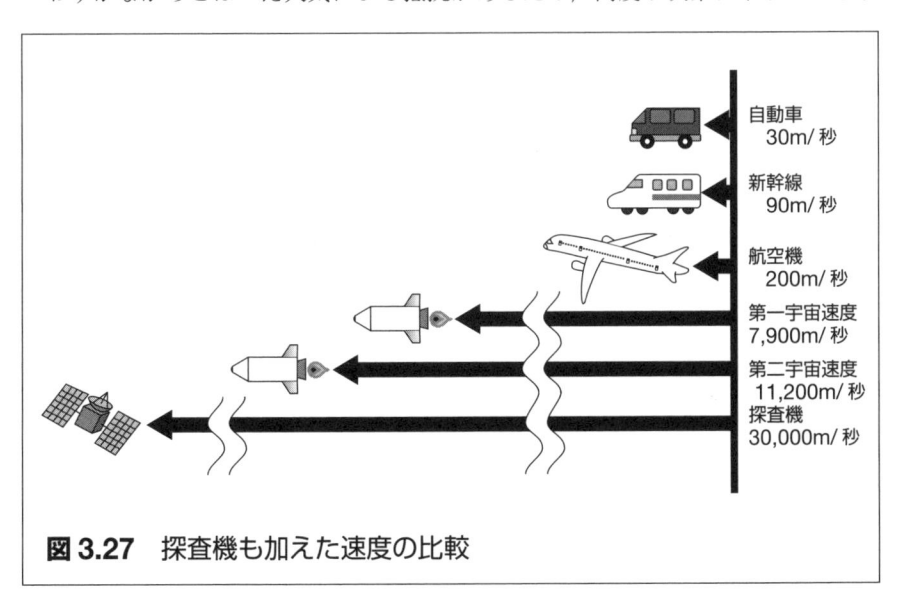

図 3.27 探査機も加えた速度の比較

自動車 30m/秒
新幹線 90m/秒
航空機 200m/秒
第一宇宙速度 7,900m/秒
第二宇宙速度 11,200m/秒
探査機 30,000m/秒

います．下がり方も太陽活動などによって変化するので，状況に応じた対応が必要です．いずれの場合も，衛星がもっている軌道制御用のロケットエンジンやイオンエンジンを利用して軌道を調整します．宇宙ステーションなども定期的な推進系エンジンの噴射によって高度を維持しています．

第4章 ロケットや人工衛星の将来を考える ―未来を拓く技術―

4.1 「のぞみ」の悲劇と「はやぶさ」の歓喜

「はやぶさ」(**図4.1**)による小惑星探査の成功によって，宇宙探査のみならず宇宙開発全体に対する「国民的理解」は格段に高まりました．

「はやぶさ」は成功したと思われている方が多いでしょう．実際，大成功であることは間違いありません．一方で，JAXAにおける「はやぶさ」プロジェクトの総括でも指摘があったように，困難の原因となった不具合の多くは，心配された新規技術ではなく，既存の技術によるシステムにおいて生じたものでした．この本でも紹介しているように，世界に誇れる優れたたくさんの新規技術を有しているのも事実ですが，日本の惑星探査技術はまだまだ確立した段階にはないこともまた事実です．

みなさんは火星探査プロジェクト「のぞみ」をご存じでしょうか(**図4.2**)．小惑星探査機「はやぶさ」の打ち上げからさかのぼること5年，1998年7月に火星探査機「のぞみ」は打ち上げられました．残念ながら，火星軌道への投入は実現せず，おそらく今でも人工惑星として太陽周回軌道にあると思われます．なぜ「はやぶさ」は成功し，「のぞみ」は失敗に終わったのでしょうか．実は「はやぶさ」に起こったことも，「のぞみ」に起こったことも，同じくらい対処が困難なものでした．

「のぞみ」に起きた事象については，宇宙開発委員会（当時）の詳細な原因究

図 4.1 小惑星探査機「はやぶさ」
（画像提供：JAXA）

図 4.2 火星探査機「のぞみ」
（画像提供：JAXA）

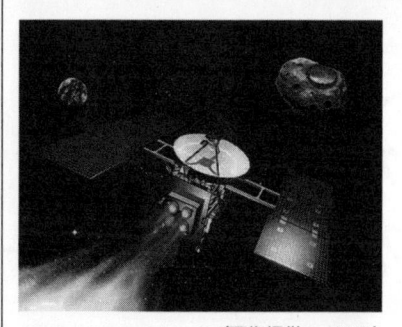

明報告書がありますし，松浦晋也氏による『恐るべき旅路—火星探査機「のぞみ」のたどった 12 年』(2005 年朝日ソノラマ，2007 年朝日新聞出版）という書籍にも，その詳細が紹介されています．

　1998 年 7 月 4 日，「のぞみ」は，M-V ロケット 3 号機により打ち上げられ，その年の 12 月まで地球と月を回る軌道にあって，その後約 10 ヶ月の旅を経て火星軌道に投入される予定になっていました．3.3 節でも触れた通り，火星は，惑星の中でも地球のすぐ外側にあり，太陽と地球の距離をさらに 50％ほど延ばした軌道にある惑星です．大きさは地球の半分ほどで，峡谷（といっても，高さ方向にキロメートルオーダー）などもあり以前は海も存在したと想像されています．炭酸ガスを中心とした大気も存在していますし，かつて水があった痕跡も確認されています．NASA を中心に多数の探査機が火星を観測してきましたが，上層大気やプラズマ領域などまだまだ知るべきことが多く，日本初の惑星探査機「のぞみ」はそれらの観測を目指して打ち上げられました（**図 4.3**）．

　より確実に火星探査という理学的な目的を達成するには，火星への軌道投入，宇宙航行技術，自律機能の確認，遠距離通信など工学目的の探査機（工学実験探査機）をまず 1 機，続いて理学観測を重視した探査機を 1 機と対にして打ち上げることが望ましいやり方です．しかし残念ながら，当時の日本の宇宙科学予算では科学観測の衛星は最大でも 1 年 1 機打ち上げるのがやっとでした（今は，衛星が大規模，高額になり，さらに厳しい状況です）．X 線，赤外線観測といった高エネルギー天文学分野，太陽観測，磁気圏プラズマ分野など，地球周

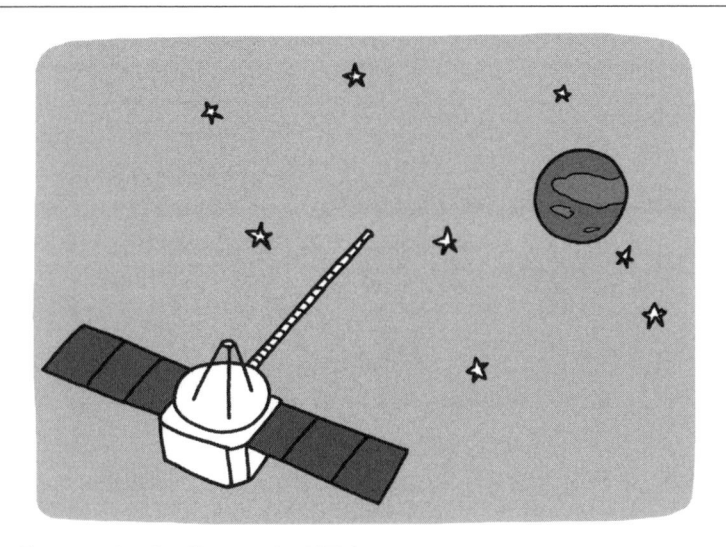

図 4.3 「のぞみ」が目指した火星探査

回の科学衛星だけでも山のような打ち上げ要求があり，競争の中でどれかの衛星計画がプロジェクトとして選定されます．2 機の火星探査機を用意するとなると 2 機目の打ち上げは初号機の 5 年後以降になってしまい，とても現実的ではありません（**図 4.4**）．そうなると限られた 1 つの探査機にチャレンジングな技術も盛り込みつつ，何とかたくさんの観測機器を搭載しようということになります．結局，「のぞみ」の搭載機器は全部で 14 にもなりました．一方で M-V ロケットの能力で積める搭載機器総重量は限られます．

具体的な数字を示してみましょう．「のぞみ」の総重量は 540 キログラムです（**図 4.5**）．比較のため，1976 年に打ち上げられた NASA の火星探査機「バイキング」の数字をあげておくと，その重量は 3.4 トンでした．また，後に登場する「マーズ・オブザーバー」(1992 年打ち上げ，通信喪失により観測失敗) が 1 トンでした．いかに「のぞみ」が小型・軽量であるかがわかります．

「のぞみ」の総重量 540 キログラムのうち，何と 280 キログラムが宇宙航行用の燃料です．空気抵抗などないので，宇宙空間を航行している間はそう多くの燃料を必要としません．ただ，地球の重力圏を離れるときと火星軌道へ投入されるときに多くの燃料が必要となります．「のぞみ」の場合，燃料を除いた残りは 260 キログラムですが，電源，通信，熱制御，姿勢制御といったバス機器

図 4.4 2機をセットにした探査機プロジェクトは難しい

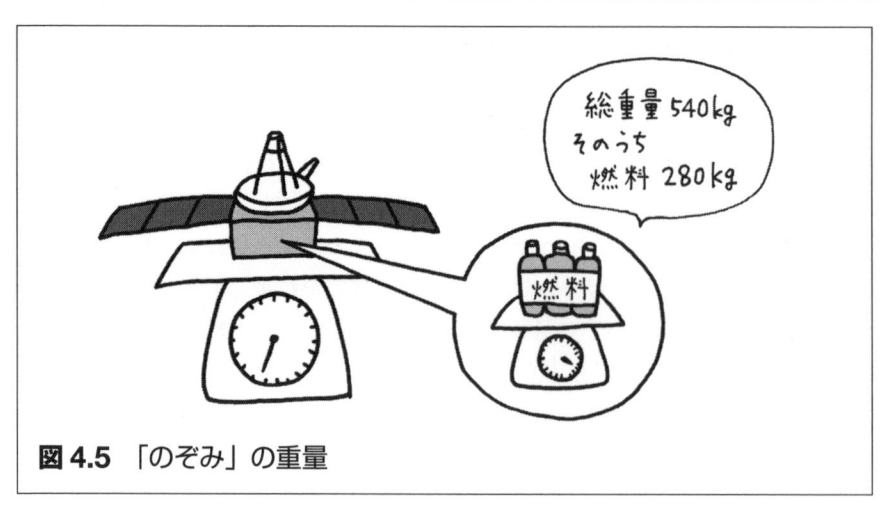

図 4.5 「のぞみ」の重量

もありますので，結局14の観測機器の総重量はわずか36キログラムにおさえられていました．それでも，搭載重量の半分以上は燃料であり，さらなる厳しい重量軽減化が図られました．

「のぞみ」では従来の集中電源系から17系統の分散電源系の採用が計画されていました．しかし，軽量化のための工夫として，ヒーター制御回路やデータレコーダなどは共通電源系からの電力供給へと変更され，最終的に15系統の分散電源系となりました．これが後のトラブルにつながります．

イオンエンジンも軽量化には大きく貢献できる技術です．「のぞみ」ははじめての惑星探査機であり，開発方針の1つに「ミッション達成に必要な工学技術は最も確実なものを用いること」がありました．その結果，イオンエンジンの採用は見送られました．

通信の往復に40分がかかることへの対応，太陽の反対側に火星が隠れたときに起きる交信途絶（合）があることに対応して自律性を高めること，長期間の太陽風や放射線による機器の劣化に対応することなど，それまでにない要求に応えるさまざまな観点での対策が設計に盛り込まれました．

もともと火星との位置の関係から，「のぞみ」の打ち上げは1996年に予定されていましたが，打ち上げロケットであるM-Vの開発に遅れが出て，火星と地球が再接近する1998年に延期されました．この年には，火星と地球の位置条件が当初予定より悪く，地球と月の周りで数ヶ月を過ごし，スイングバイ（詳しくは4.2節）によって火星に向かう軌道をとることとなりました．

火星探査機「のぞみ」は，1998年7月4日，内之浦にある宇宙科学研究所宇宙空間観測所より打ち上げられました．この年の9月，予定していた1回目の月スイングバイが，12月には2回目の月スイングバイによる加速が実施されました．「のぞみ」の最初の試練は，その2日後の12月20日，地球の重力圏を脱して火星に向かう地球スイングバイ運用時に起きました．

スイングバイが行われる時間帯は日本から「のぞみ」が見える時間帯ではなく，長野県臼田にある深宇宙用の64メートルアンテナが利用できません．可視になる米国のゴールドストーンDSN（Deep Space Network）局を借りて，そこから相模原の管制室にリアルタイムで情報が入ります．情報として入ってきたのは，DSN局のドップラー計測から探査機の軌道変更用エンジン（OME：Orbiter Maneuver Engine）によるΔV（増速量）がノミナル（予定値）の秒速437メートルに対して100メートルも少ないという事態でした（**図4.6**）．著者も別の機会に経験していますが，プロジェクトチームメンバーでなくとも冷や汗が出るような状況です．そのときの管制室の雰囲気は想像にあまりあります．

その後，日本の可視時間になり，種々の機器動作がみな正常であることが確認されました．上気，火星遷移軌道投入（TMI：Trans-Mars Orbit Insertion）の運用で足りなかった増速量を補うための追加のOME噴射が実施されました．これによって推進系の機能は復帰したことも確認されました．しかし，思いも

図 4.6 「のぞみ」スイングバイ

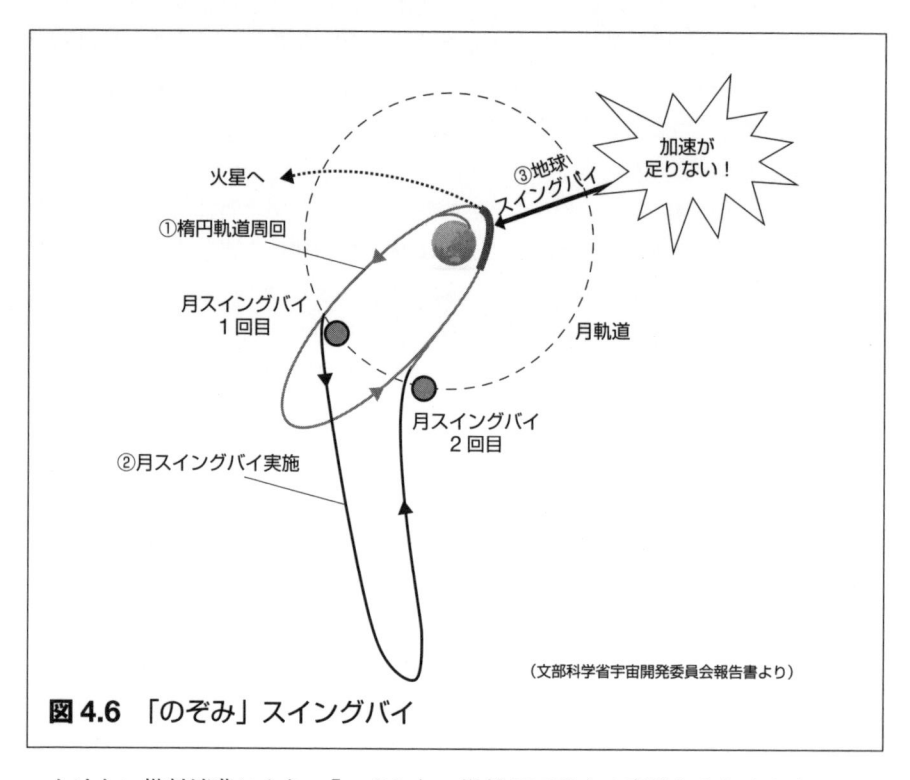

かけない燃料消費により，「のぞみ」の燃料が不足する事態となりました．そのままでは，火星に接近はできても「のぞみ」を火星の軌道に入れることができません．年明けにかけて「のぞみ」の軌道担当グループの努力が続けられ，さらに2回の地球スイングバイを利用することによって燃料を節約でき，火星軌道への投入が可能となることが示されました．しかし，その結果として，火星到着見込みは当初予定から4年遅れました．

2つ目の不幸は2002年12月予定の追加の地球スイングバイを待っている間に起きました．同年4月に起きた過去最大規模の太陽フレアの発生です．発生した高エネルギーの粒子は探査機を直撃，太陽フレア発生の3日後「のぞみ」のテレメトリ情報（探査機の状態を示す情報）が地球に届かなくなりました．当然，太陽フレアなどの対策はとられていましたが，想像を超える規模のものでした．「のぞみ」からの入感（電波の受信）がビーコンモード（電波は来るが情報が載っていない状態）になっていました．まずは通信を回復させなければなりません．このとき行われたのが「はやぶさ」でも利用されて有名になった

1ビット通信で，問いかけに対するYes/Noの反応を返信の有無で知るものです．何度も問いかけをして少しずつ情報を絞っていくので，当然山のような回数のコマンド作業となります（**図4.7**）．これによって「のぞみ」の電気回路の一部がショートしていることが突き止められました．この電源系は回路保護のためにブレーカーがついています．その結果，同じ共通電源系下にある機器全部の電源が入らない状態であることがわかりました．その後，電源をひたすらオンオフにすることでショートした回路を焼き切る試みが行われ，都合1億3,000万回のコマンドが送り続けられたと記録されています．

　残念ながら，その努力は報われませんでした．2003年12月，JAXA発足直後に，この共通電源系の回復の見込みがないことから火星周回軌道への投入が断念されました．火星には国際的な取り決めがあり，人工物をむやみに落下させることが禁じられています．危険性も考えて，衝突確率を下げる軌道変更コマンドが打たれ，結局「のぞみ」は火星表面から約1,000キロメートルのところを通過して太陽の周りを回ることになりました（**図4.8**）．

　「のぞみ」の最初の不幸の原因は，火星遷移軌道投入の運用時の推進系バルブの不具合です．その結果，想定より4年長く宇宙で待つこととなり，その4年の間に巨大な太陽フレアが発生，それが「のぞみ」の電気系に不具合を生じさせました．ここでは軽量化のために仕方なく工夫した電源の共有化が悪い方に働いてしまいました．

　実は，火星遷移軌道投入運用時に起きた推進系バルブの不具合は，逆流抑止バルブの上流側に安全のために追加したラッチバルブが起こした不具合であることが原因だと結論づけられています．1993年に米国の火星探査機「マーズ・オブザーバー」が通信途絶になり，推進系の酸化剤の逆流によって起きた爆発が原因であったと究明されていました．ラッチバルブの追加は，このような情報の水平展開に基づいて行われた対策でした（**図4.9**）．結局「のぞみ」の場合，1つの不幸が次の不幸を生むという悪い循環が生じていたといえます．

　図4.10に「のぞみ」と「はやぶさ」を対比して起きた事象を表としてまとめてあります．それぞれにさまざまな不具合が生じ，何とか対策をとってきたことがわかります．

　どちらの探査機についてもプロジェクトチームは素晴らしい働きをしました．「のぞみ」の悲劇と「はやぶさ」の歓喜は紙一重の差で生まれたといってもよいかもしれません．多くの方が語っているように「はやぶさ」の開発には，「のぞ

図 4.7 1ビット通信

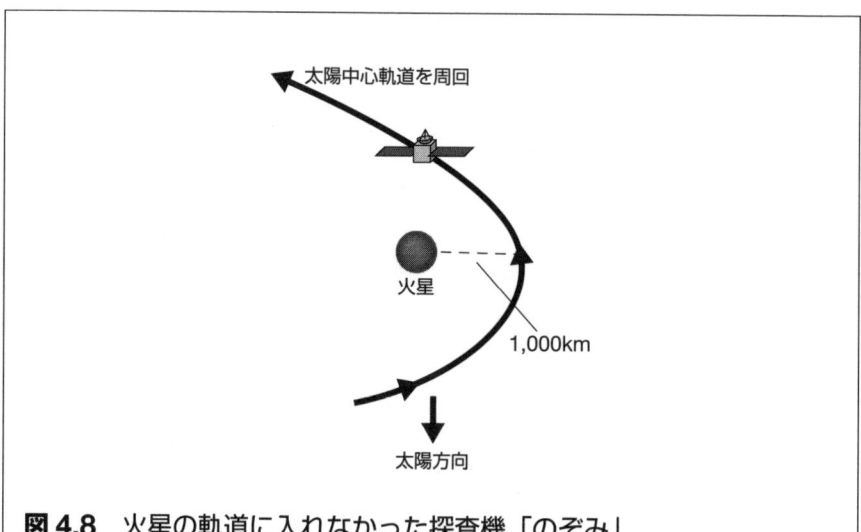

図 4.8 火星の軌道に入れなかった探査機「のぞみ」

み」の経験が色濃く反映されています．1ビット通信も「のぞみ」の苦労を反映して一定の自動化が施されていました．いろいろな意味で，「のぞみ」の不成功があってはじめて「はやぶさ」の成功があったといえます．

　繰り返しになりますが，表からもわかるように，両者に起きたこれらの不具合はむしろ既存技術にベースを置いた機器に生じていたことも忘れてはなりま

図 4.9 NASA 探査機トラブルへの対応

はやぶさ	
2003 年 5 月 9 日	打ち上げ MUSES-C（M-V-5）
2004 年 5 月	地球スイングバイ
2005 年 9 月	イトカワに到着
2005 年 10 月	2 基目のホイール故障
2005 年 11 月	第 2 回タッチダウン 燃料漏れによる姿勢喪失, ホイール故障, …
2005 年 12 月	通信喪失
2006 年 1 月	地上との通信回復 3 年延期し, 2010 年帰還予定に
2009 年 11 月	イオンエンジン異常
2010 年 6 月	地球帰還, カプセル回収

のぞみ	
1998 年 7 月 4 日	打ち上げ PLANET-B（M-V-3）
1998 年 8 月, 12 月	月スイングバイ
1998 年 12 月	地球スイングバイ スラスターバルブ不具合による推力不足, 飛翔コース変更による燃料過剰消費 新たな軌道の模索 →火星到着を 1999 年 10 月から 2004 年 1 月に変更
2002 年 4 月 22 日	最大規模の太陽フレア →通信系・熱制御系に不具合
2003 年 12 月	共通電源系回復断念, 火星への衝突を避けるための軌道変更コマンド
2003 年 12 月	火星重力圏を脱して太陽軌道の人工衛星に

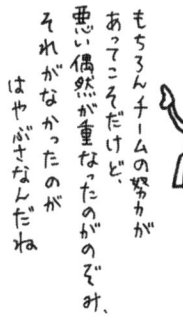

もちろんチームの努力があってこそだけど、悪い偶然が重なったのがのぞみ、それがなかったのがはやぶさなんだね

図 4.10 「はやぶさ」と「のぞみ」

せん．

　確かに大きな予算を使いながら目的を達成できなかった探査機は「失敗」なのかもしれません．しかし，そこから学べる多くのことを考えたとき，「失敗」は「成功への階段」であると理解するのは無理があるでしょうか．もちろん，責任を十分に認識したうえでですが，成功，失敗と単純に区別するのではなく，それぞれから多くのことを学んで，さらに高い信頼性を有する探査機の開発を進めることを目指したいという宇宙科学研究者の思いがあると知っていただけたら幸いです．

　探査機の運用の話が出たので，余談になりますがJAXA宇宙科学研究所の西山和孝准教授がまとめたイオンエンジン作動と運用当番の情報を記しておきたいと思います．西山氏は「はやぶさ」のイオンエンジン開発担当者の1人であるとともに，運用責任者でもありました．公開して差し支えないと聞いていますので，探査機運用の大変さを知っていただく意味でイオンエンジン作動実績を図4.11で表にしておきます．「はやぶさ」の加速を行った2万5,590時間のイオンエンジン作動は，NASAの技術実証機「ディープスペース1」（1998～2001年）が搭載したNSTARイオンエンジンが樹立した1万6,265時間の記録を塗り替えています．

　通信途絶からの回復後の2006年2月から6月にかけては姿勢回復・制御にイオンエンジンが利用されました．ここでは，イオンエンジンのキセノンガス

	累積時間［時間］	作動回数［回］	最長連続運転時間［時間］
スラスタA	7	14	2
中和器A[*1]	3,244	28	1,502
スラスタB[*2]	12,809	428	1,502
スラスタC	1,198	236	1,947
スラスタD	14,830	1,805	1,896
宇宙動力航行[*3]	25,590	420	1,948
全スラスタ合計（のべ作動時間）	39,637		

*1　イオン源Bとのクロス運転を含む
*2　中和器Aとのクロス運転を含む
*3　1台以上による探査機加速，累積時間は世界記録

図4.11　イオンエンジン作動実績

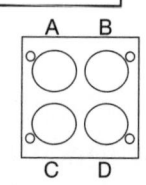

ジェットを中和器から放出して，探査機の姿勢制御を行いました．当初はまったく想定していない使い方です．このための4つのスラスタバルブの開閉回数は，それぞれ5万6,000回以上にのぼったと推定されています．この回数に耐えられたのは，探査機軽量化のために，通常のイオンエンジンで使用するラッチ弁（駆動回数1万6,000回を保証）と異なる電磁弁（同100万回を保証）を採用したおかげでした．弁を変更したことは幸運というしかありません．

運用スーパーバイザーとして1,000時間を超えた運用作業を担当した者が7名にのぼります．もちろん，それ以外に数十名が参画しています．「かぐや」運用に余裕がある状況下ではそちらのメンバーも何人か実地研修を兼ねて「はやぶさ」の運用にあたったことも記されています．

4.2 太陽系探査とスイングバイ

最初に地球の重力圏を出た日本の衛星は，ハレー彗星観測を目的とした探査機「さきがけ」と「すいせい」でした（**図 4.12**）．これらの探査機を打ち上げるべく，M-3Sロケットの最終版であるM-3SⅡの開発が探査機の開発と並行して進みました．開発中のロケットを前提として衛星を開発するとは，乱暴な話のように聞こえるかもしれませんが，それが現実でした．さらに，新たに出ていく先の宇宙と通信する手段ももっていなかったため，長野県臼田に直径64メートルというアンテナを建設しました．前述のように，「はやぶさ」をはじめ探査機はみなこのアンテナを利用しています．さらに必要なソフトウェアも並行して開発されました．結局，「さきがけ」，「すいせい」プロジェクトは，探査機，ロケット，地上局，ソフトウェアと何から何まで並行して準備が進められるというきわめて挑戦的な試みでした．しかし，ここで培った経験がその後の探査機開発に生きており，このときはじめて，日本は惑星探査と探査機開発の入り口に立ったといえます．

「さきがけ」の打ち上げは1985年1月，「すいせい」の打ち上げは同年の8月です．ハレー彗星観測は，国際協力によって進められ，日本以外でも当時のソ連の「ベガ」，ESA（欧州宇宙機関）の「ジオット」などが打ち上げられました．これら他国の探査機も含めて，理学的な観測は大きな成果を挙げ，彗星の理解を大きく前進させたといわれています．

図 4.12 ハレー彗星観測探査機「さきがけ」と「すいせい」—日本も探査機開発の入り口へ

　現在でもそうですが，惑星探査は新しい工学技術開発を伴って進める意識が高く，工学実験と理学観測を一体にして提案がなされます．しかし，惑星探査の経験のない日本では，その前提として新しい技術開発のための工学実験を蓄積する必要がありました．そこで生まれたのがMUSESという工学実験衛星シリーズです．MUSESはミュー（Mu）ロケットによるSpace Engineering Satellite（宇宙工学試験衛星）を模してつけられたシリーズ名です．「はやぶさ」がその3機目MUSES-Cであることをご存じの方も多いでしょう．MUSES初号機であるMUSES-Aは「ひてん」です．「ひてん」では，新たな技術開発項目としてイオンエンジンなどいくつか候補がありましたが，その中から惑星の重力場を利用した加速，減速によって衛星の軌道を変更する技術（スイングバイ）が選ばれました．当時複数衛星がネットワークを組んで太陽風か

らオーロラや放射線帯に至るエネルギーの流れを総合的に観測するという計画が米国にありました．それに呼応した日本との共同による磁気圏尾部探査衛星（「GEOTAIL」）のプロジェクトが立ち上がっており，そこでスイングバイの技術が必要となっていたからです．話が逸れますが，「GEOTAIL」は当時の宇宙科学研究所としては格段に大きい1トンを超える衛星で，1992年に米国のケープカナベラル空軍基地から打ち上げられました．宇宙科学研究所が衛星を開発し，科学観測機器の約3分の2を提供，NASAが打上げロケットと残り約3分の1の科学観測機器を提供しました．予定では3.5年程度の観測目標であったこの衛星は，何と宇宙科学衛星プロジェクトの1つとして今でも現役で活躍しています．「GEOTAIL」は「あけぼの」と並んで20年を超えて観測データを提供し続けている長寿衛星の1つです．

さて，MUSES-A「ひてん」です（図4.13）．重さは182キログラムです．ちょっと大きめのバイク程度の重さしかありません．衛星の上にあるのは「はごろも」と名づけられた月周回衛星（月オービター）で，これはキックモーターを含めてわずか11キログラムです．必要な電力も衛星本体が110ワット，明るい旧型の電球1個分です．現在の衛星や探査機と比べると，どんなに急速に衛星が大型化してきたかがわかります．

JAXAの相模原キャンパスの研究管理棟1階にある展示エリアには実物大のモデルが展示してあります．ぜひ一度ご覧ください．

「ひてん」には，ミュンヘン工科大学との共同研究観測であった宇宙塵の測定といった理学目的も含めて5つのミッションがありました．工学面でも，遠距離通信として新たに高速のXバンドを加えるなど，ところどころに新しい技術が盛り込まれましたが，なんといっても月スイングバイ実験が大きな柱でした．

打ち上げは1990年1月，M-3SⅡロケット5号機です．寒さの影響で制御系の機器が不具合を起こし，打ち上げの18秒前にエマージェンシーストップがかかりましたが，徹夜の

（画像提供：JAXA）

図4.13　月探査機「ひてん」

原因究明作業の末，対策を施して1日遅れで無事打ち上げに成功しました．「はごろも」を月周回軌道に投入，たくさんのスイングバイの試験を行った後，「ひてん」本体は1993年4月に月に落下しました．そのため，「ひてん」は日本で最初の月着陸船だという人もいます．

では，スイングバイとはどういった技術でしょうか．**図4.14**を見てください．どこかの惑星のそばを探査機が通り過ぎる状況を考えます．右からある速度で入ってきて，惑星の重力場の影響を受け，軌道が変わって右側に出ていきます．探査機が出ていくときの速度は入ってきたときの速度と同じです．ただ，このイメージは惑星に固定した座標系でのイメージです．実際には，惑星自身が太陽の周りを回っています（公転）ので，例えば惑星が公転する後ろ側を使ってスイングバイを行うと**図4.15(a)**のような状況が生まれます．すなわち，惑星の動きに引きずられる分だけ加速して出ていくというわけです．同様に，公転する惑星の前側を使ってスイングバイを行うとその分だけ減速させることができます（図4.15(b)）．では，探査機が加速するためのエネルギーはどこからもらったのでしょうか．それは惑星の公転エネルギーです．結果として，惑星の公転速度はほんの少し落ちるかもしれませんが，質量の差が圧倒的なので，実際には無視できることになります．特に探査機のエネルギーを使うことなく軌道を修正し，かつ加速もできるという優れものというわけです．

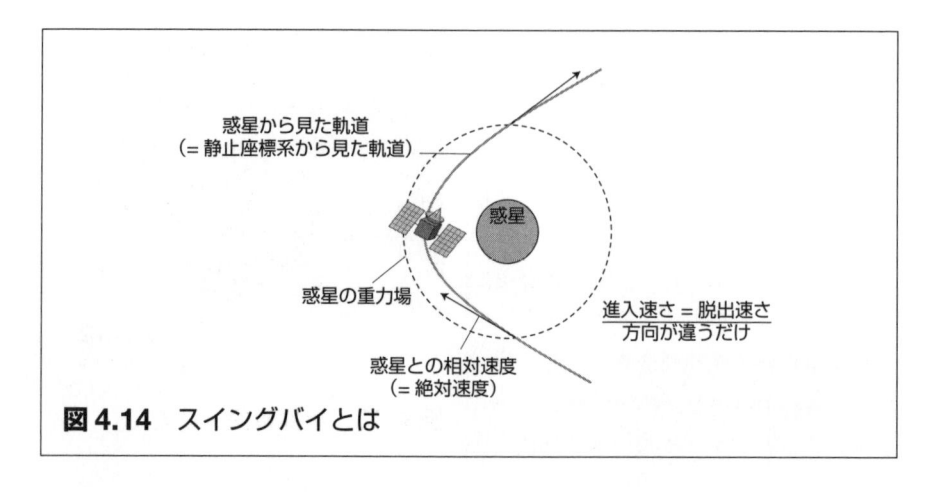

図4.14 スイングバイとは

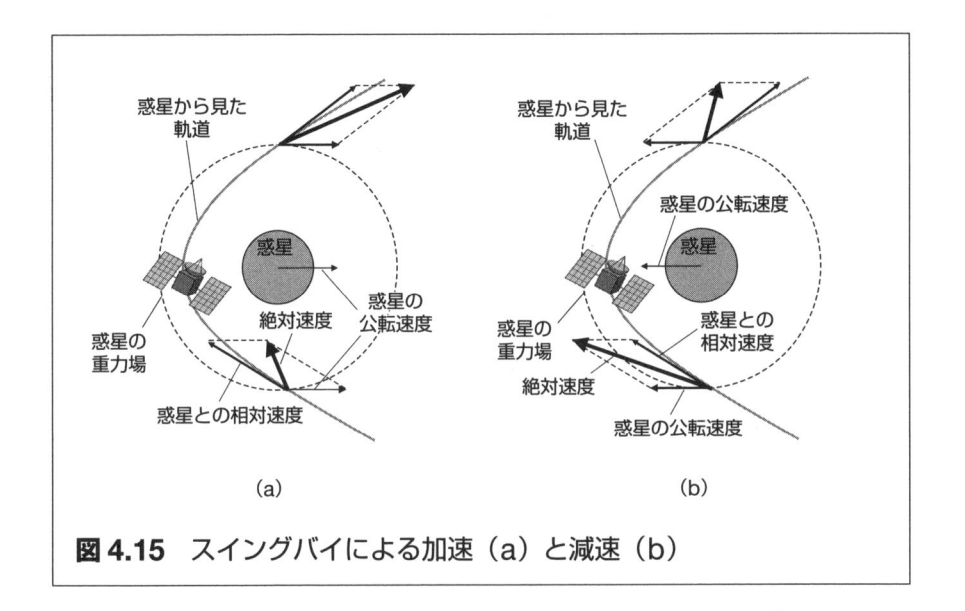

図 4.15 スイングバイによる加速（a）と減速（b）

> **豆知識** **ケープカナベラル空軍基地**
>
> ケープカナベラル空軍基地は，ディズニーワールドでも有名なオーランド（Orlando）から東に車で1時間程度，フロリダ半島の東岸にあり，スペースシャトルなど有人宇宙船を打ち上げるケネディ宇宙センター（KSC）に併設された空軍のロケット射場です．GEOTAIL を打ち上げたデルタIIをはじめ，たくさんの無人ロケットが打ち上げられています．ケネディ宇宙センターも含めて全体をケープカナベラルと呼びます．

4.3　イオンエンジンと「はやぶさ」

　イオンエンジンは小惑星探査機「はやぶさ」の活躍によって一気に注目される技術になりました．映画「はやぶさ　遙かなる帰還」でも，吉岡秀隆氏が演じた NEC 側の技術者と江口洋介氏が演じた JAXA 側の研究者のやりとりに焦点があたっていました．イオンエンジンは，キセノンなどのガスをイオン化し，それを静電加速し，排出することで推力を得るものです．排気速度はロケット

エンジンの 10 倍にもなります．イオン化された燃料のうち，陽イオンは用意された電場によって静電加速されます．排出する際には，衛星本体の帯電を防ぐために，陽イオン生成時に分離された電子を付加してガス全体を中和しています（図 4.16）．これを担っているのが中和器です．「はやぶさ」には「$\mu 10$」（ミューテン）と呼ばれる直径 10 センチメートルのイオンエンジンが 4 基搭載されていました（図 4.17）．「はやぶさ」帰還の途上，イオンエンジンが 4 つとも動作しなくなったときに，別々のエンジンのイオン発生器と中和器を組み合わせて 1 基のエンジンとして運転しました．エンジン 2 基を連結するクロス運転は地上での

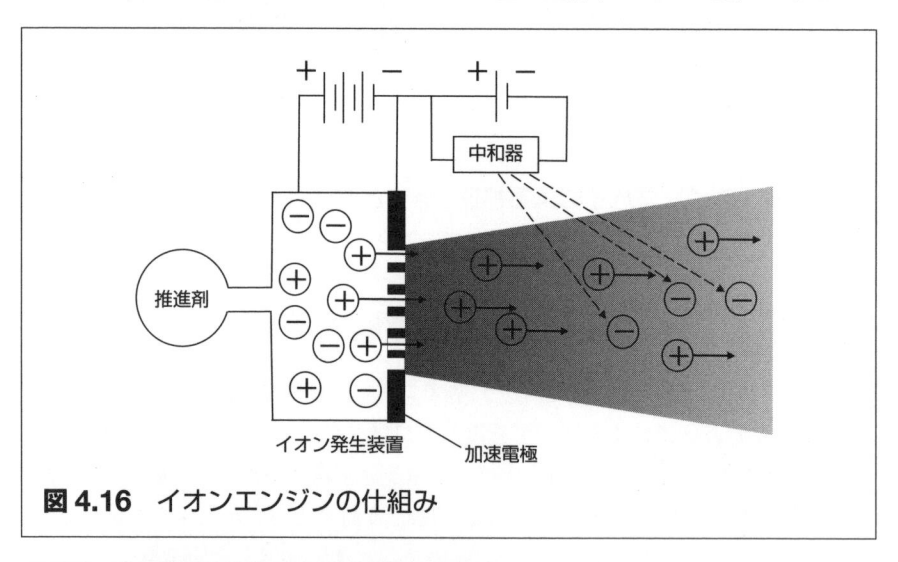

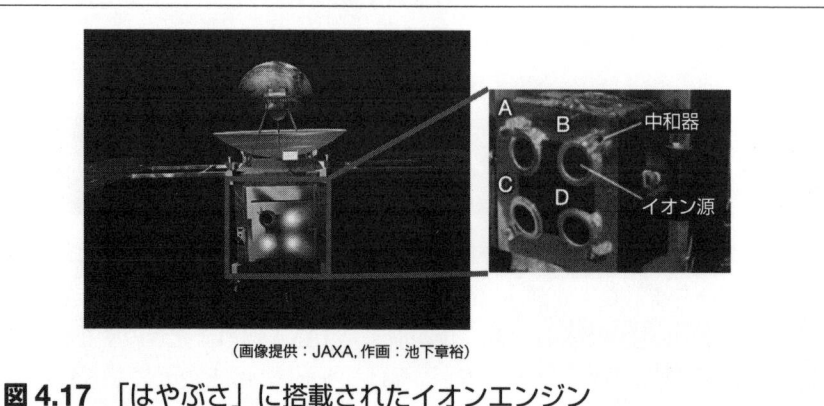

図 4.16 イオンエンジンの仕組み

(画像提供：JAXA，作画：池下章裕)

図 4.17 「はやぶさ」に搭載されたイオンエンジン

試験をしていませんでしたので，かなりの議論の末に担当の國中均教授（JAXA宇宙科学研究所）が判断を下したのはよく知られているところです．「はやぶさ」のイオンエンジンは，電子レンジと同じようなマイクロ波放電式という独自の形式を採用しており，累積4万時間の運転に耐えて「はやぶさ」の飛翔を支えました（図4.11参照）．

イオンエンジンは電気を利用して推力を得るエンジンなので，電気推進と呼ばれます．これに対し，化学燃料を燃やしてノズルで加速するものを化学推進といいます．電気推進は，小型化が要求される探査機だけでなく，静止衛星などにも使われています．

イオンエンジンの特徴は高い比推力です．比推力が何かは1.4節に詳しく書きましたが，ある推薬量（推進剤の量）で一定の推力をどれだけ長く維持できるか，すなわち性能とか燃費とかのようなものです．典型的なロケットエンジンでは200〜400秒程度，ターボジェットエンジンでは2,000〜3,000秒程度です．これに対して電気推進は数千秒，「はやぶさ」のイオンエンジン「$\mu 10$」の場合には3,000秒程度となっています．もちろん，数字が大きいほうが「長持ち」です．

では，なぜロケットの推進システムにイオンエンジンを利用しないのでしょう．

比推力は自動車でいうところの性能や燃費です．自動車の場合，燃費がよいと必要な燃料は少なくて済みますし，長時間走り続けることができます．ただ，燃費がよいだけでは大きな車を動かすことはできません．絶対的な意味での高い推進力をもつ強いエンジンが必要です．

イオンエンジンの出せる推力は1基で0.7×10^{-2}（7ミリ）ニュートンです．これは，1円玉1つ弱の重さを手に乗せたときに感じる力というレベルの大きさです（**図4.18**）．これではロケットを持ち上げることはできません．一方で，宇宙空間には空気抵抗もありませんし，惑星近辺を別とすれば重力もありません．小さな加速でも積み重ねていけば，秒速30キロメートルといった高速を実現できるのです．「はやぶさ」はイオンエンジンを推進器に利用することで，衛星における燃料の重量比を各段に下げ，多くのペイロード観測機器を搭載することに成功しました．4.1節に記したように，火星探査機「のぞみ」では燃料が探査機重量の半分以上を占めていました．一方，「はやぶさ」では，燃料の占める重量比は電気推進分だけならわずか13％，RCS（姿勢制御装置，2.7節

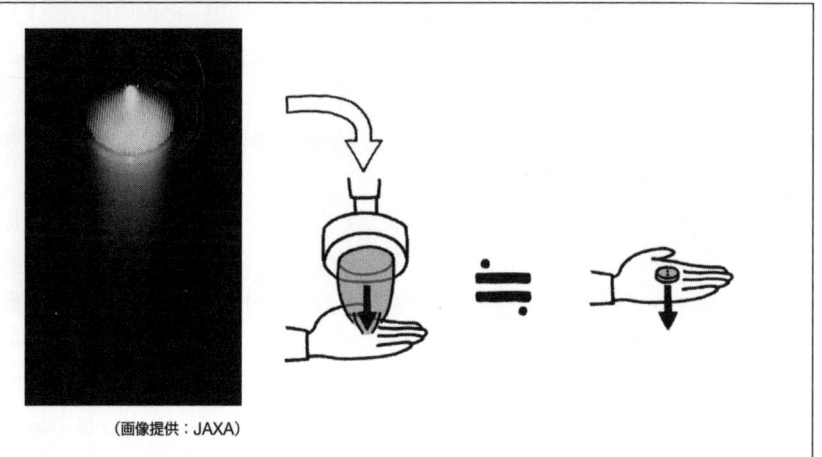

図 4.18 イオンエンジンの出す推力

（画像提供：JAXA）

参照）などの化学推進系分を含めても 25％程度に収まっています．

　JAXA 自身が，次世代のイオンエンジンとして直径を 20 センチに大型化した「$\mu 20$」の開発を進めるなど，イオンエンジンのさらなる高性能化や大型化を検討しています．同時に，担当メーカーであった NEC も「$\mu 10$」の技術を利用して，海外の市場へのビジネス展開も考えているようです．イオンエンジンの利用は今後ますます進んでいくでしょう．毎年夏休みに開催される相模原キャンパス特別公開のときには，イオンエンジンの試験設備も見ることができますので，ぜひ来てください．

4.4 「はやぶさ」カプセルを支えた研究

　「はやぶさ」においてイオンエンジンと並んで脚光を浴びたのが，再突入カプセルです（図 4.19）．カプセルは重さが 17 キログラムほど，直径が 40 センチメートルの円盤形をしています．2010 年 6 月 13 日，燃え尽きる「はやぶさ」本体から分離されてオーストラリアのウーメラ砂漠に降下しました．カプセルは高度 7 万キロメートルで「はやぶさ」から分離されると，高度 200 キロメートルで大気圏に突入し，その後高度 5 キロメートルまで落ちて前面と後面にとりつけられた耐熱用のヒートシールド部分が分離，パラシュートが開いて風で

流された後に地上に降りてきました（**図 4.20**）．次の日に回収され，日本に輸送，その後の初期分析で小惑星「イトカワ」由来の粒子が 1,000 個以上も見つかり，現在国際的に分析が進んでいることはご存じの通りです．

突入の状況については，地球周回に至る第一宇宙速度（秒速 7.8 キロメートル）を境に，それより大きい速度での突入を超軌道（super-orbital），それより小さい速度での

（写真提供：JAXA）

図 4.19 カプセル写真

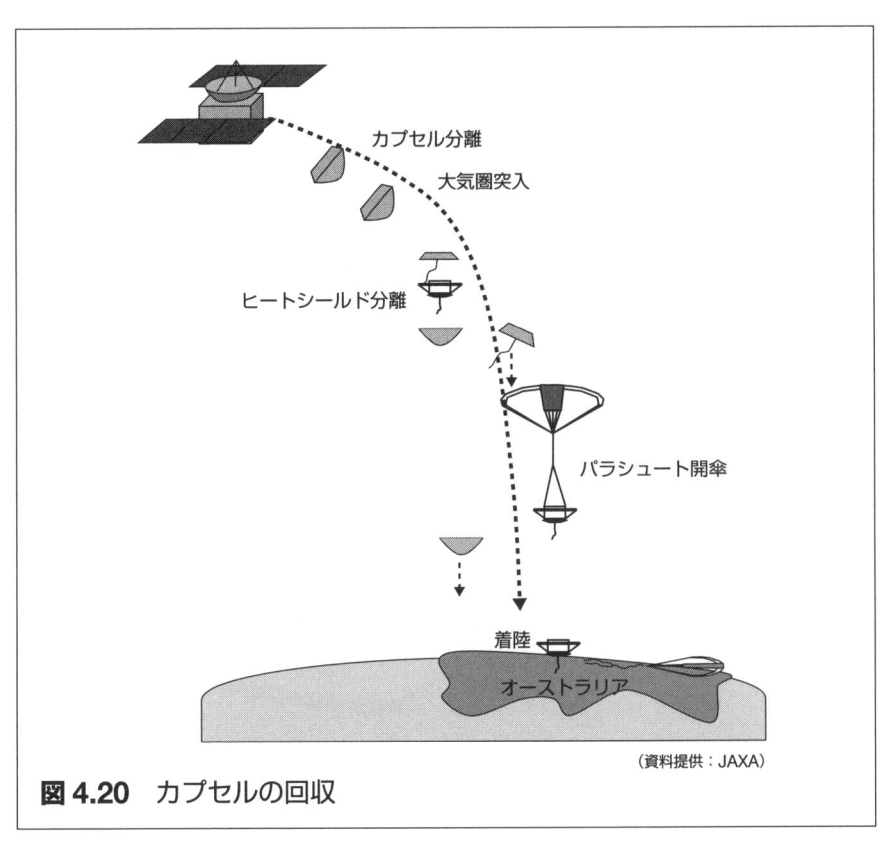

図 4.20 カプセルの回収

突入を弾道軌道（sub-orbital）と呼びます．

　カプセルの大気圏突入時の最大速度は，当初想定よりも少し低い秒速 12.2 キロメートルでした．それでも，スペースシャトルなどの秒速 8 キロメートルに比べて圧倒的に高い値です．このような超軌道速度になるのは，スペースシャトルが地球周回軌道からの突入であるのに対して，「はやぶさ」が，惑星遷移軌道からの突入であったことによります．探査機は地球からの距離 300 万キロメートルでイオンエンジンによって軌道を変更，地球外縁部 200 キロの高度を通過する軌道に誘導され，目標点を着陸想定地域に変更して地球大気に突入してきました．

　このような速度での突入で問題になるのは空力加熱と呼ばれる現象です．カプセルは突入から 2 分ほどの間に秒速数十メートルにまで減速されます．この減速の衝撃に耐えなくてはなりません．同時に，カプセル正面から秒速 12.2 キロメートルの空気がぶつかってくる状況が起こります．空気の流れはカプセル前面でせき止められ，空気がもっていた運動エネルギーが熱エネルギーに変わります（図 4.21）．したがって，空気の流れを正面から受けると，カプセルはその熱をもろに受けることになります．空気は温度が上がると電離や解離（イオンや分子，原子に分かれること）によってエネルギーを吸収しますが，それでも気体の温度は 1 万度以上になります．その結果，カプセル表面への熱の入力は 1 平方メートルあたり 15 メガワット以上の値となります．ちなみにスペースシャトルの場合は 1 平方メートルあたり 500 キロワットですから，スペース

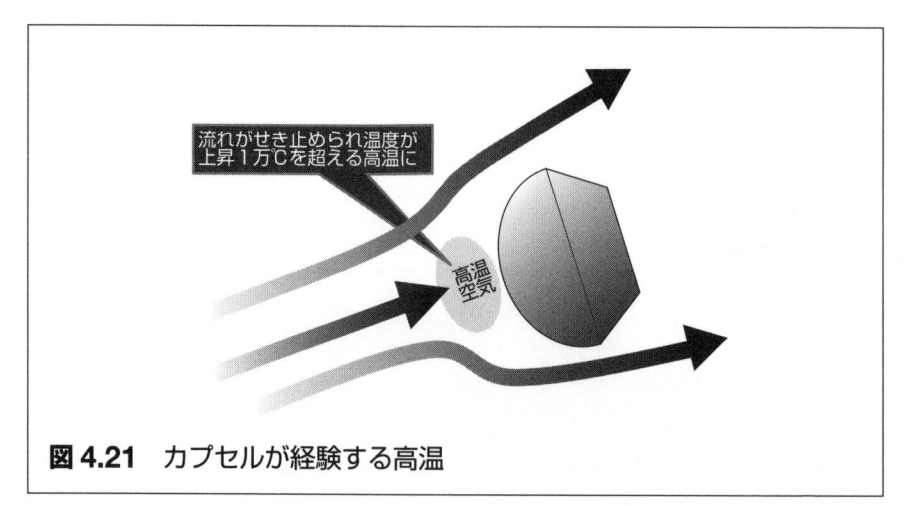

図 4.21　カプセルが経験する高温

シャトルが受ける熱の 30 倍以上の熱を受けることになります．家庭にあるトースターや電子レンジの最大の熱量がだいたい 1 キロワットくらいです．スペースシャトルが受ける熱はトースター 500 台分，「はやぶさ」カプセルが受ける熱がトースター 1 万 5,000 台分に相当するといえばわかっていただけるでしょうか．結果，カプセルの表面は 3,000 度もの高温（周りの気体自身の温度は 1 万度以上）になります．温度の上昇はカプセルの速度と大気密度によって変わりますが，高度約 40～80 キロメートルを通り過ぎる数十秒の間で大きな熱入力を受け，特に 60～80 キロメートルの間で最大の空力加熱（空気力学的加熱：空気との衝突等による加熱）を経験します．

このような高い熱入力には，衛星やロケットで行っているような熱防御材を貼りつけるだけでは対処できません．そこで登場するのがアブレーションという技術です．高熱にさらされて耐熱樹脂の熱分解が起こると，それによる熱の吸収が起きます．表面では炭化された層が形成され，内側では熱分解によってガスが表面に吹き出します．これも加熱を防ぎます．ただ，耐熱材料は次第に熱分解が進んで薄くなっていくため「厚さ」の設計には細心の注意が必要です．「はやぶさ」カプセルの場合 3 センチメートルほどの厚さの CFRP の積層構造が利用されました（**図 4.22**）．

当時 NASA は PICA という軽量のアブレータを開発中でしたが，技術的ノウハウが日本にはなく，旧来の技術を利用したというのが正直なところでしょう．なお，前面だけでなくカプセル側面や背面にも空力加熱は起こります．特に背

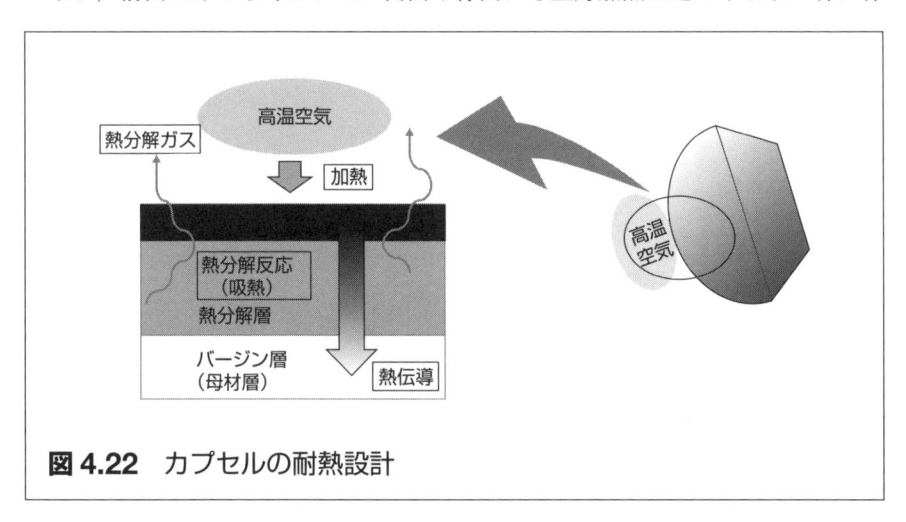

図 4.22 カプセルの耐熱設計

面は流れも複雑でその加熱は輻射によるものも含め前面の空力加熱の5%程度と想定されていました．帰還したカプセルを確認したところ，MLI（断熱シート，2.11節参照）の金色がかなりの部分で残っていました．加熱環境は想定の範囲内であったと考えられています．

　上記の空力加熱の問題と並んで課題となったのがカプセルの動的安定確保です．カプセルの空気力学特性（カプセルにかかる空気の力）は着地点など飛行経路の誤差に直結しますので，国内の多くの研究者の協力で低速から極超音速まで広い範囲の空気力学特性解析が行われました．その中で，カプセルが音速近辺の速度域でピッチング運動をはじめ，かなり大きな角度で振れるというものがありました（**図**4.23）．現象はまったく違うのですが，わかりやすいいい方をすると，木の葉が落ちてくるときにふらふらと揺れるようなものと考えてください．もちろん，カプセルの重心位置は空気力がかかるともとに戻るような静的な安定位置に設定されています．形状に気をつけていれば，一定角度で振れるだけ（LCO：Limit Cycle Oscillation）に留まりそうなことはわかりましたが，現象のメカニズムがわかっていなかったため，不安感はぬぐえません．万一発散して逆向きになってしまうとパラシュートが開傘できなくなってしまいます．音速近くまで減速したときにはじめて起きる現象なので，超音速状態のうちにパラシュートを開くことも検討されましたが，経験がないことやそのための重量増などを考えて，結局遷音速（音速と同程度）時の振動現象をやり過ごし，亜音速での開傘としました．もちろん，風洞試験や数値シミュレーション，さらに大気球を使った実際の落下試験によって動的安定の維持できる形状の想定手法を実証しました．

　カプセル帰還に関して，着地点予測には10キロメートルくらいの分散があるだろうというのが事前の予想でした．実際の着地点を知るには，

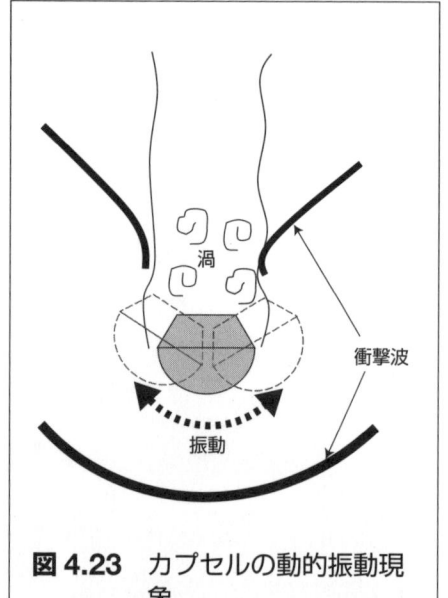

図4.23　カプセルの動的振動現象

地上からの観測とカプセルに積んだビーコン信号が頼りですが，7年のフライト後で発信しない可能性もあります．天候次第では地上からの目視が難しいこともあり得ます．さまざまな心配がありましたが，風も弱く天候にも恵まれ，実際は着陸から1日の内に回収ができました．「はやぶさ」の探査機運用7年に比べれば，カプセルの仕事は最後の数十分だけの瞬きする程度の時間で終わったといえます．

　小惑星探査機「はやぶさ」の成果の1つは小惑星のサンプルの持ち帰りでした．その実現にカプセルの果たした役割はとても大きいものです．地球再突入の技術は，単にカプセルにとどまらず将来の再使用，宇宙往還，特に有人飛行にとって不可欠な技術として今後もさらなる研究が進んでいくことでしょう．ただ，何度も指摘している通り，今回の回収成功をもって技術が確立したと考えるのは早計であることを忘れず，今後の計画を考えていくことが必要です．

4.5 「はやぶさ」の先を拓くもの ―「IKAROS（イカロス）」とソーラーセイル―

　小型ソーラー電力セイル「IKAROS」(Interplanetary Kite-craft Accelerated by Radiation Of the Sun：太陽放射エネルギー加速による惑星間宇宙船) は2010年5月に金星探査機「あかつき」とともに打ち上げられました．「IKAROS」は重さわずか300キログラムの工学試験衛星です（図4.24）．

　ソーラーセイルは宇宙ヨットとも呼ばれ，その概念は20世紀はじめからありました．燃料など化学的な推進器を利用しない宇宙航行の手段です．ちょうどヨットが帆に風を受けて走るように，太陽光の圧力をセイルに受けることで宇宙空間を移動します．太陽からは「太陽風」と呼ばれる毎秒数百キロメートルという超高速のプラズマ流れも出ています．ソーラーセイルは太陽風を受けて進むと誤解されがちですが，あくまで

（画像提供：JAXA）

図4.24 小型ソーラー電力セイル「IKAROS」

光の圧力を帆に受けて進むものです（**図4.25**）．

　音圧という言葉をご存じでしょうか．1気圧の百万分の1以下程度という，とても小さな変動とはいえ，音にも圧力があります．これと同じように，光，より広い意味では電磁波にも圧力があります．音には空気など媒体が必要で，光には媒体は不要（媒体が未確認ともいえる）という点は違いますが，圧力を与えるという点は同じです．

　光の圧力はとても弱く，空気の圧力などが圧倒的な地球上でこれを感じることはできません．ただ，4.3節でイオンエンジンについて述べたのと同様，宇宙空間のような空気力がない場所では光の圧力による「小さな推力」でも積み重ねればかなりの加速が可能です．実際に「IKAROS」で観測された推進力は1.12ミリニュートン，1円玉にかかる重さの1割余の値でしかありません．「はやぶさ」のイオンエンジン1基の推進力のさらに数分の1程度です．

　ソーラー電力セイルと「電力」が入っているのは，「せっかく大きなセイル（帆）を張るのだから，太陽電池パネルとしてもこれを利用して衛星に必要な電力を得よう」という発想を盛り込んだためです．ソーラーセイルの考え方自体は以前からありましたが，ソーラー「電力」セイルは「IKAROS」プロジェクトが提案したものです（**図4.26**）．

　宇宙科学プロジェクトの一面を知ることができるので，イカロスが具体化されるまでのプロセスについて話してみましょう．

　科学衛星プロジェクトの提案は，5.3節に述べるようにJAXA宇宙科学研究所（以下，宇宙研）に設置された宇宙理学・工学委員会のもとに作られるワーキンググループ（WG）活動が母体になります．宇宙研の職員だけではなく，

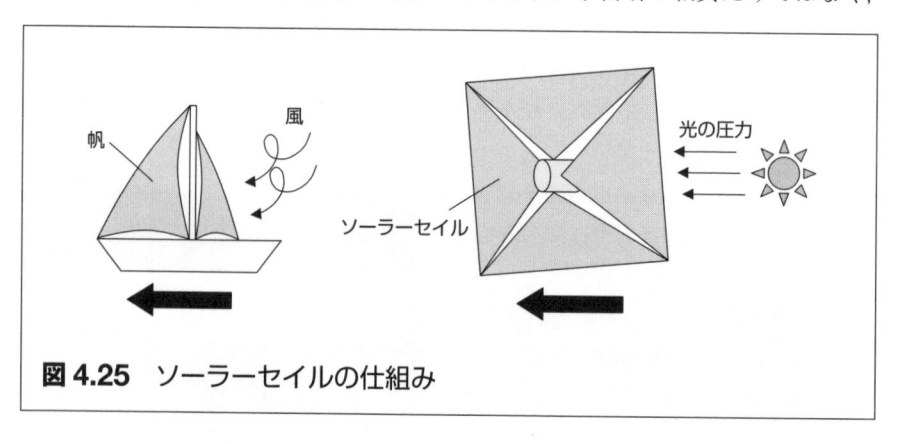

図4.25　ソーラーセイルの仕組み

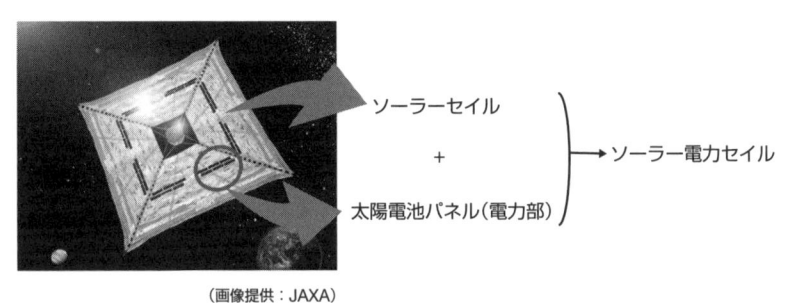

図 4.26 ソーラーセイルからソーラー電力セイルへ

プロジェクト提案に向け大学などの研究者も交えた WG 活動が行われ，その結果として，宇宙研が発出するプロジェクト提案募集に応募し，競争的にプロジェクトが選定されます．実は，ソーラー電力セイルの母体であるソーラーセイル WG は 2004 年のプロジェクト募集に提案，応募しています．そのときは，ASTRO-G（電波天文衛星：開発がかなり進んだ段階で予想以上の技術的な困難さから中止となったプロジェクト），ASTRO-H（X 線天文衛星：2015 年の打ち上げに向け開発中）が競争相手として提案されていました．かなり厳しい議論の結果，ASTRO-G が勝ち残り，残念ながらソーラー電力セイルは次の機会を待つことになりました．その際，ソーラー電力セイルプロジェクトの意義自体は高く評価されました．一方できわめて挑戦的であることから着実に技術実証を進めることが推奨されました．すでに 2004 年のソーラーセイル提案前の 2004 年 8 月には S310 観測ロケットを利用した宇宙空間での大型膜面動的展開試験，2006 年 2 月には M-V ロケット 8 号機において太陽観測衛星「ひので」のサブペイロード（空いたスペース，搭載重量余裕を利用した小型機器の搭載）の 1 つとして，10 メートル径の大型膜面展開の実証を経験していました．加えて，2006 年 8 月には大気球を利用した 10 メートル径の大型膜面の展開，同 9 月には M-V ロケット 7 号機において赤外線観測衛星「あかり」のサブペイロードとして小型電力セイルの展開実証を行っています．あくまで最終目標はソーラー電力セイルによる木星圏探査計画でしたが，これらを背景にまずは軌道上での膜面展開実験を行うこととし，当初は次期固体ロケット（イプシロン）に搭載する小型衛星計画の 1 つとして提案候補とされていました．このように紆余曲折がありましたが，結局，H-IIA ロケットでの打ち上げが決まった金星探

査機 PLANET-C「あかつき」のサブペイロードとして 300 キログラムの小型実証機を打ち上げる案となりました．これが「IKAROS」です（**図 4.27**）．

　「IKAROS」のような面白い提案は，決して単なる思いつきのアイデアによって急に出てきたものではありません．その成功には，このような技術実証の積み重ねが背景にあったこと，一般的にもこのような研究的技術実証の積み重ねが優れた宇宙科学ミッションを支えていることを知っていただければ幸いです．

　さて，このような背景から「IKAROS」最大の目的はいうまでもなく，「帆を張り，それを維持すること」でした．しかし，加えていくつかの目標を設定し，幸いなことに「IKAROS」はそのすべてを成功させました．「IKAROS」の帆は当然軽く作らなければなりません．帆の膜面として，衛星の MLI（2.11 節参照）にも使われているポリイミドにアルミニウムを蒸着させたものが使われました．軽量化が至上命令ですが，同時に宇宙空間の紫外線や放射線などに耐えられる丈夫なフィルムでなければいけません．製造技術の進展なども貢献してポリイミドを 7.5 ミクロンという薄さ（アルミニウム蒸着によって厚さはほとんど変わらない）に仕立て，14 メートル四方の帆をわずか 13 キログラムに仕上げました．コピー用紙の厚さがおよそ 0.1 ミリメートルですので，そのさらに 10 分の 1 以下の薄さです．軽量化を重視して，帆の展開装置も巻き取り

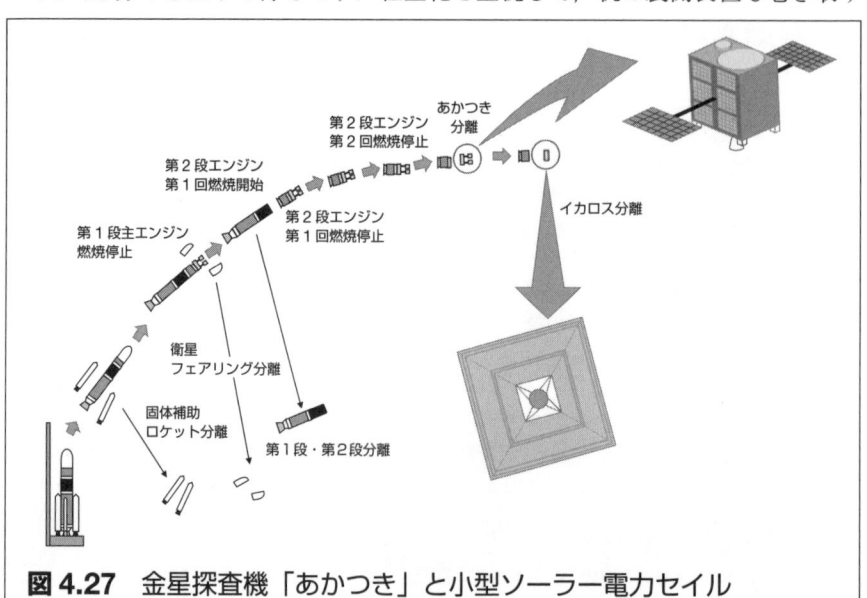

図 4.27　金星探査機「あかつき」と小型ソーラー電力セイル

型を考案し，膜面の先端に500グラムのおもりをつけることで，衛星のスピンの力によって自律的に帆が広がるように工夫されています．これらがうまく働いて「帆を張り，維持すること」ができました．

このプロジェクトのプロジェクトマネージャである森治助教（JAXA宇宙科学研究所）が雑誌のインタビューで述べているように，宇宙の大型構造物の展開試験を地上で行うのには大変な困難を伴います．このことは2.9節でも大型展開構造物の地上試験の難しさとしてお話ししました．重力と空気力の双方がなく，ある程度の広さを有する環境は，地上には存在しません．事前の実験ができず，シミュレーションに頼ることになります．しかし，太陽光圧，遠心力，膜面剛性などのシミュレーションモデルには不確実性があります．「IKAROS」での実際の展開試験自体がシミュレーションモデルの信頼性向上の試験でもありました（**図 4.28**）．例えば，衛星のスピンを遅くすると帆がたわむのではないかとも予想されましたが，その意味でのたわみはほとんどありませんでした．

2つ目が，「電力セイル」たるところで，帆につけた薄膜太陽電池による発電です．2010年6月10日に薄膜太陽電池の発電を実証し，その後週1回程度の頻度で薄膜太陽電池システムの特性評価を実施しています．結果，打ち上げ前の地上試験を踏まえた予測値とほぼ一致するなど，太陽電池の劣化も含めて多くの情報が得られました．

3つ目がソーラーセイルによる加速です．ソーラー電力セイルは，惑星間航行での利用を目指したものですので，これも大切な技術実証項目の1つでした．地球周回軌道などでは地球の重力や微弱な空気抵抗も存在するため，正確な計測を行うには地球の重力圏を脱出して試験することが必要です．「IKAROS」は「あかつき」と連れだって金星を目指したことで，これを確認することができました．これにより，宇宙航行技術としてのソーラーセイルが実証できたことになります．累積光圧加速量は秒速100メートルとなったことが報告されました．

4つ目が航行技術の獲得です．「IKAROS」の帆の4つの辺には液晶デバイスが搭載されています．通電しているときは太陽光を反射し，通電していないときは太陽光を乱反射します．乱反射のときはかかる力が分散してしまうため，電気制御によって帆の一定部分にかかる力を変化させることができ，それを利用して能動的に探査機の姿勢を制御して，軌道制御につなげることができます．太陽による反射率を変えると思っていただけばよいでしょう．

以上，4つの項目のすべてが世界初でした（**図 4.29**）．

図 4.28 大型展開構造物の試験

図 4.29 「IKAROS」が実現した4つの世界初

　もともと,「イカロス」とはギリシャ神話の登場人物です．迷宮に閉じ込められた親子が翼を考案して脱出に成功．しかし,息子は「天高く飛んではならない」という父親の忠告を忘れ,翼の能力よりも高く飛んでしまったため,翼の蝋が融けて海に落ちて命を失うことになりました．この息子の名がイカロスで

図 4.30 ギリシャ神話の「イカロス」

あり，大空を飛ぶという挑戦的な面が評価される一方，図に乗ると痛い目を見る教訓にも利用されています（**図 4.30**）．「IKAROS」は JAXA の若い研究者，技術者の集団がリードしたプロジェクトです．もともと 2003 年に発案されたソーラー電力セイルによる「木星・トロヤ群小惑星探査計画」の宇宙で先行実証という位置づけで実施されていました．優れた若い人材と技術を有しているとはいうものの，広い意味でいって日本の惑星探査技術はまだまだこれからです．実際に「IKAROS」においてもさまざまな不具合が報告されています．成功に酔うことなく，技術を 1 つ 1 つ確立して，大きな目標に向かっていくことが求められます．

4.6 「はやぶさ」の先を拓くもの ―火星を飛行機で探査する―

少し変わった話題を提供しましょう．みなさんは，火星の空を翼に日の丸のついた飛行機が飛んでいたら楽しいと思いませんか．有人はとても魅力的ですが，人類が火星に行くこと自身が大きな目標というレベルですので，ここでは無人の小型飛行機をイメージしています．

すでに火星には NASA の探査機からいくつかのローバーが着陸しています．最近では Mars Science Laboratory（MSL）が 2011 年に打ち上げられ，2012

年夏には，装備されていた火星探査ローバー「Curiosity」(「好奇心」)が火星に着陸しました(**図4.31**)．「Curiosity」は車1台分程度の900キログラムの重量を有し，2004年に火星に降り立った先輩ローバーである「Sprit」(「精神」)と「Opportunity」(「機会」)に比べると重量で5倍，観測機器の重さでは10倍にもなっています．「Curiosity」の移動速度は平均では時速30メートル程度で，このスピードは「Sprit」や「Opportunity」とあまり変わりません．ローバーは単なる着陸機と異なり，自分で移動ができるので，火星のさまざまな情報を地球に送り届けてくれます．しかし，1時間に30メートルの移動では限度があります．また，火星には数キロメートルもの高さの巨大な崖もあります．ローバーによって観測できる領域には制限があるのです．

　地球の地上の様子や海の状況などを観測することを考えましょう．それには，実際に船や車でそこに行って観測する以外に衛星から観測するという手段もあります．こちらはより広い範囲をカバーできるので全体を見るには最適です．また，衛星の観測と地上の移動による観測とを組み合わせることでマルチスケールの情報を組み合わせることができます．地上の移動には移動距離の限界が，衛星には解像度の限界があります．これらの中間を補う手段は航空機による観測です．それなりの広範囲をそれなりの解像度で調べることができるところが利点であり，上記2つにさらに航空機を組み合わせるとより全体から詳細までスケール感のある情報を手に入れることができます．

(NASA/JPL-Caltech/MSSS)

図4.31 NASAの大型火星探査ローバー「Curiosity」

火星の探査も同様です．衛星からの観測，ローバーによる観測をさらに補う手段として航空機による観測を加えることができれば，これまで手に入らなかった情報を得ることができます（**図4.32**）．実は，米国でも火星探査航空機の提案がこれまで何度かありました．しかし，幸か不幸かどれもプロジェクトへの提案は認められていません．日本が先陣を切って火星大気に飛行機を飛ばすことを目指した活動がここ数年行われています．これは著者自身がもともとの提案者なので，1つの具体例としてお話しすることにします．本来は，この書籍が出版される頃には大気球を利用した高度35キロメートル付近での技術実証フライトが終わっている予定でしたが，北海道の大樹実験場にて大気球側に不具合があり，残念ながら次の機会を待っている状況です．

　火星の大気中を飛行機が飛ぶのは，一見すると簡単に思えます．ところが，話はそう簡単ではありません．火星の大気は主に炭酸ガスで，これ自体に問題はありません．ただ，その密度はざっと地球の100分の1程度です．1.1節でお話ししたように，航空機は機体の重さとほぼ同じだけの力を翼が作る上向きの力（揚力）で生み出すことで落ちることなく飛行します．また，航空機の揚力は飛翔する大気の密度，飛行速度の2乗，翼の面積，そして翼固有の性能値（揚力係数と呼ばれる）に比例します（**図4.33**）．大気密度が100分の1に小さくなるということは，それ以外の飛行速度の2乗，翼面積のどちらかを100倍にして，減少分を補わなければ飛べません．逆に，機体重量を100分の1にするという方法も考えられます．幸いなことに，火星の重力場は地球の約3分の

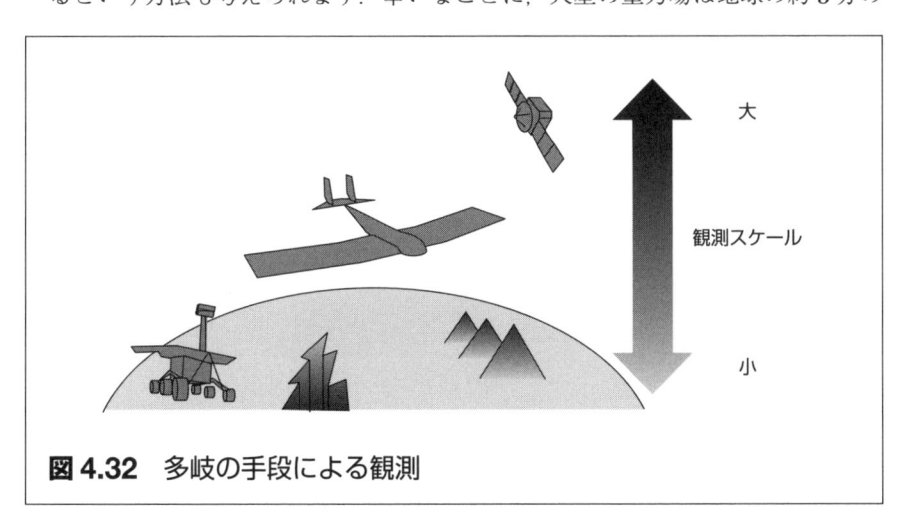

図4.32 多岐の手段による観測

1で機体の重さは3分の1になる（質量は同じですが，重さは小さくなります）ので，100倍ではなく33倍になればよいということになります．とはいえ，33倍というのは決して小さな数字ではありません．

具体的にラジコン機を火星で飛ばすことを考えてみましょう（図4.34）．地上で飛ばすラジコン機が，秒速30メートル，重さ1.6キログラム，翼の長さが1.4メートルだと想定します．これを火星大気内で飛ばすには，速度を約6倍の秒速171メートル（時速616キロメートル）に増やす，1.6キログラムの重さを50グラムに減らす，翼の長さ1.4メートルを46メートルに増やす，のどれかが必要となります．どれもとても難しいことは明らかです．33倍の揚力係数をもつ翼形状を開発するという考え方もありますが，これはもっと難しい話です．速度は，2乗

$$L = \frac{1}{2}\rho V^2 \cdot S \cdot C_L$$

L：揚力
ρ：密度　　V：飛行速度
S：翼の面積　C_L：揚力係数

図4.33 揚力を決める要素

図4.34 火星でラジコン機を飛ばしたら

で効くのでこれを上げることが効果的なのですが，速度を上げるには大きなエンジンが必要になります．その分重さが増えてしまいます．結局，それぞれの要素を少しずつ工夫して，トータルで33倍を実現することを目指すしかありません．例えば，速度3倍，重さ4分の1，翼の長さ2倍，揚力係数を1.5倍などとして，およそ必要な揚力を確保できることになります．

　実はもう1点，さらに不利なことがあります．翼形状固有の性能値である揚力係数が，大気の密度が下がる，もしくは速度や大きさといったスケールがある値より小さくなると桁が変わるくらい急激に小さくなるという事実です．図 **4.35** に，ある論文から引用したグラフを示します．縦軸は最大揚抗比と呼ばれているもので翼の性能を意味します．横軸はレイノルズ数と呼ばれる流体力学では最も著名なパラメータで，図4.35内の式に示すような定義となっています．いわば速度や大きさの「スケール」を示すパラメータで，翼の流体力学特性はこのパラメータによって変化します．民間の輸送機ではレイノルズ数の値は 10^8〜10^9 程度，風洞試験と呼ばれるもので 10^6 程度です．翼の性能はレイノルズ数によって変わります．大きな航空機の性能を調べるのに，単に同じ形の小さな模型を作ってその性能を見ても正しい値は得られません．それが大きな風洞設備を作らなければならない理由だったわけです．1970年代終わりから，それを補うために登場したのが数値シミュレーション技術でした．今では航空

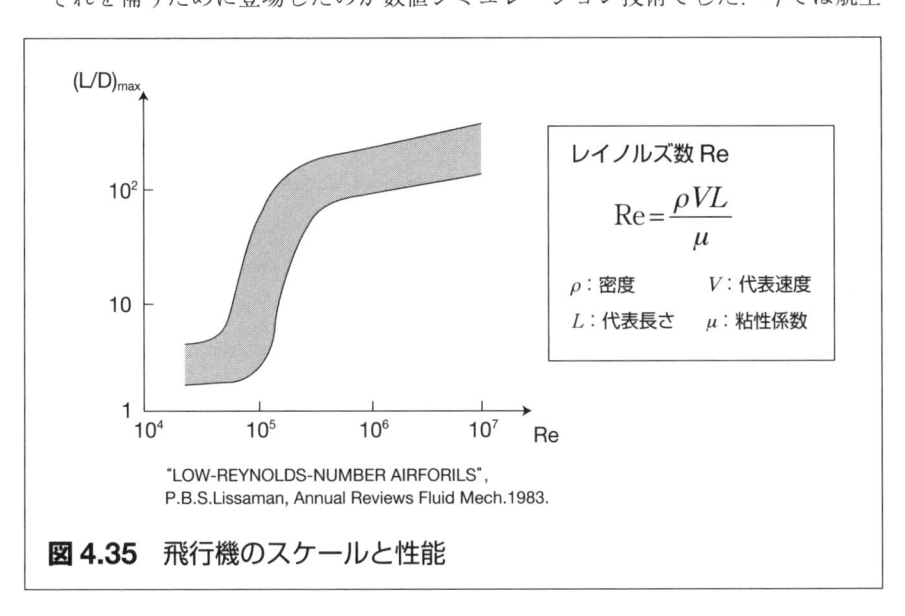

レイノルズ数 Re

$$\mathrm{Re} = \frac{\rho V L}{\mu}$$

ρ：密度　　V：代表速度
L：代表長さ　μ：粘性係数

"LOW-REYNOLDS-NUMBER AIRFORILS",
P.B.S.Lissaman, Annual Reviews Fluid Mech.1983.

図 4.35 飛行機のスケールと性能

機の設計は数値シミュレーションなしでは成立しません．

さて，図 4.35 で急激に性能値が落ちるところがありますが，火星航空機のレイノルズ数は不幸にしてこの値より左側に来てしまいます．ただ，このグラフは通常の翼の断面形状（翼型と呼ばれる）を対象にしていて，火星飛行機に適した翼断面形状を工夫すれば，減少をある程度補うことが可能です．例えば，図 4.36 に示す 4 つの翼断面形状を比べた場合，誰に聞いても直感的には 1 番が最も性能がよさそうだという答えが返ってきます．ところが，実は，前後をひっくり返した 2 番の翼型の方が性能がよいのです．さらに性能がよいのは 3 番の平板翼で，それを反らせた 4 番が最もよい性能を示します．構造強度を考えると平板翼は成立しづらいので，これらの知見をいかして翼を設計します．

図 4.35 において性能値が急激な減少を起こすより左側の領域を利用するものは火星飛行機だけではありません．レイノルズ数が同じなら流れの特性は同じですので，すごく大気密度が薄い所を飛ぶ大きな飛行機は，大気が薄くない所を飛ぶ小さな飛行機と一緒の性能となります．1 つは 30 キロメートルといった極端に高い高度を飛ぶ軍事用などの特殊航空機です．これは大気の密度が低い点で同じようなレイノルズ数になります．もう 1 つは，機体の大きさが小さいという点で似たようなレイノルズ数になる鳥や模型飛行機です．「石井翼」と呼

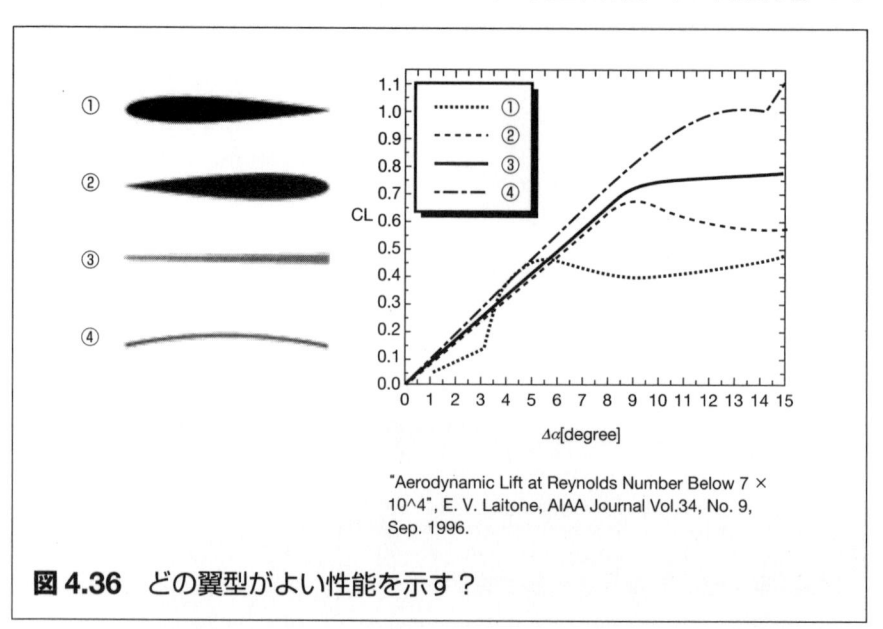

"Aerodynamic Lift at Reynolds Number Below 7 × 10^4", E. V. Laitone, AIAA Journal Vol.34, No. 9, Sep. 1996.

図 4.36 どの翼型がよい性能を示す？

ばれる翼型があります．名前の通り，石井満氏が設計した翼型で，模型飛行機の世界では著名な翼型です（図 4.37）．石井氏は「やまめ工房」という会社の代表で，偶然なことに，やまめ工房は宇宙科学研究所のある JAXA 相模原キャンパスからすぐのところにありました．石井氏の協力と数値シミュレーション技術，風洞試験を駆使することで飛翔に適切な翼型，さらには翼平面形状の設計・開発が進んでいます．

　もちろん，火星を探査する航空機開発には，翼の形だけでなく，たくさんのことに配慮しなければなりません．例えば，地上と違って GPS がありませんので，自分がどこにいるかを把握することも課題です．飛行機には，制御するための装置として，エルロンとかラダーとかフラップとかいった機体周囲の空気の流れを変える仕掛けがいくつもありますが，大気密度が低いときにはこれらの「効き」も小さくなります．機体が受ける力全体も小さいので相対的な話ではありますが，制御機構にも配慮が必要です．もちろん，探査機同様に電源となる搭載バッテリの温度管理なども重要になります．実際に，大気球を用いた飛行試験用に制作した「火星探査航空機」の写真を図 4.38 に示します．

　火星航空機探査は，現在 5.3 節で述べるワーキンググループの 1 つ（大山聖 JAXA 宇宙科学研究所准教授主査，永井大樹東北大学准教授副査）として宇宙科学研究所の職員と大学の先生方との協力の下で，研究が進められています．将来の火星探査機に，まずは技術実証サブペイロードとして搭載することを目指しています．立場上，現在の活動の中心は若い研究者たちに変わってはいますが，もともとは著者自ら立ち上げたものですので，この計画にはとても思い

（写真提供：やまめ工房）

図 4.37　やまめ工房と石井翼

図 4.38 火星探査航空機を目指した大気球用試験機

入れがあります．

　火星に飛行機を飛ばしたいという純粋な思いもありますが，当然理学的な意味でも航空機による探査の意義はあります．火星に日本の飛行機が飛んで有意義な観測ができる日が来るためにみなさんの支援をいただければ幸いです．

4.7　イプシロンと今後の基幹ロケット

　次期固体ロケットと呼ばれていた「イプシロン」の初号機は，本書出版の直前，2013年9月に打ち上げられました．なぜ，イプシロンは「次期固体」ロケットなのでしょうか．その説明の前に，イプシロン開発に至る経緯を見てみましょう．

　何度も登場している M-V ロケットは世界最高性能をもつ固体燃料のロケットと称されてきました．しかしながら，1機80億円弱とコストが高いことや M-V より若干大きい規模の GX ロケットの開発（その後，コスト高から開発中止）など国の政策もあり，2006年の7号機打ち上げ（8号機は先行して打ち上げを終了）をもって廃止が決定されました．一方で，宇宙科学の世界では，300キログラム程度の小型衛星を頻繁に打ち上げることができるロケットへの大きな期待がありました．そのため，次世代固体ロケットの開発が議論され，2007年8月に国の宇宙開発委員会において「開発研究」フェーズへの移行が承認されました．このフェーズは，開発を目標に必要とする基盤技術を確実にするフェーズで，フェーズAからフェーズBに至る開発プロセスの中で，プロジェクト移行承認前までの期間に相当します．参考までに，ロケットと科学衛星の開発の

フェーズと実施内容をまとめたものを**図4.39**に示します．開発フェーズの考え方は，時代によっても，周辺状況によっても変化するので例示とお考えください．「開発研究フェーズ」はこの図で開発準備が承認され，プロジェクト移行に向けてシステム設計を進めるフェーズです．さらに進んで，2010年には，次期固体ロケットの名称もイプシロンと決定し，本格的な開発フェーズに移行しました．

　イプシロンロケットが未来を担う「次期固体ロケット」と呼ばれている理由は，簡素な打ち上げシステムにあるといってよいでしょう．「知能をもったロケット」とプロジェクトマネージャの森田泰弘教授（JAXA宇宙科学研究所）がいっているように，打ち上げ時の多くの診断機能をロケット自身にもたせることで，地上設備を簡素にし，打ち上げ時に多数のスタッフが射場に行く必要をなくすことを目指しています．また，遠隔地からの作業を可能にし，パソコン数台で打ち上げ管制を実施することができるとされています．モバイル管制です．これは，単に経費削減だけを目指したものではありません．将来のロケットには，高頻度で打ち上げることが期待されますが，それを実現するための布石でもあります．そこがまさに「次期固体ロケット」なのです．

　実はイプシロンには2つの段階があります．2013年度打ち上げの第1段階イプシロン実証機をE-Xと呼び，2017年度以降に打ち上げ予定の第2段階の

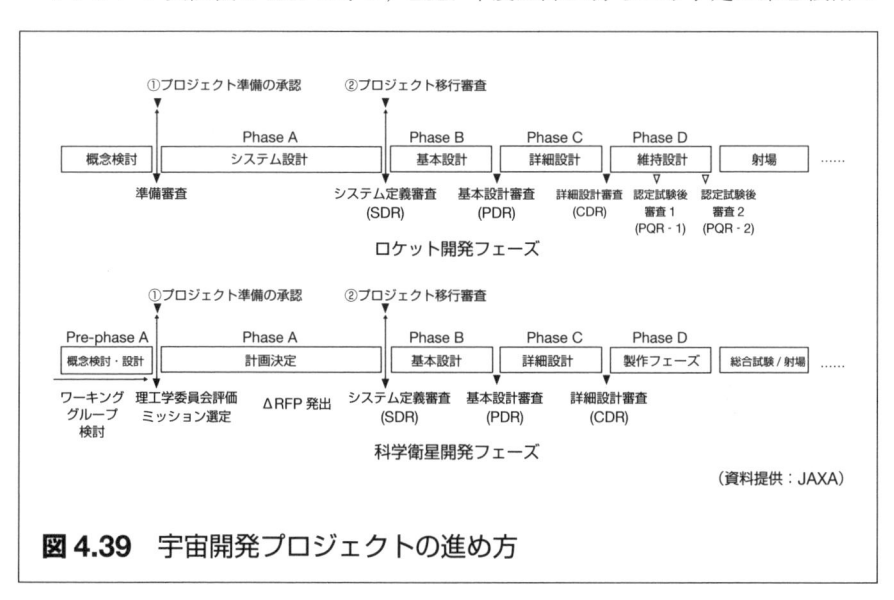

図4.39 宇宙開発プロジェクトの進め方

改良型を最終形態として E-1 と呼んでいます．前者は多岐にわたる地上試験を必要とする初号機を別にして開発費 38 億円ですが，後者は性能を向上したうえで 30 億円程度になることを目指しています．E-X は，全備質量約 91 トンで，低軌道に 1.2 トンの衛星を運ぶ能力があります．およそ M-V の 3 分の 2 の能力です．E-X の標準型の機体は 3 段構成ですが，第 1 段には H-IIA ロケットの SRB-A の改良版を，第 2 段と 3 段には M-V ロケットの第 3 段とキックステージモータ（軌道投入用モータ）の改良版である M-34c モータと KM-V2b モータを利用しています．どちらも比推力 300 秒以上という高性能のモータです．その意味で，イプシロンは M-V によって確立された固体ロケットシステム技術を確実に引き継ぎ，それをさらに効果的に発展させたロケットともいえます（図 4.40）．

イプシロンロケットには「オプション形態」が用意されています（図 4.41）．基本形態は全段固体モータによる 3 段式ですが，これに加えて第 3 段の上に 4 段目としてポスト・ブースト・ステージ（PBS）が追加できます．PBS とは，M-V の姿勢制御用エンジンをコンパクトにしたようなもので，搭載された小型の液体推進系と航法誘導制御系により液体ロケット並みの軌道投入精度を実現させることができます．いわば，衛星側に負担させていた軌道調整をロケット側が引き受けることで，惑星探査の可能性を広げ，同時に利便性の向上によって一般の需要を広げることも目的としています．

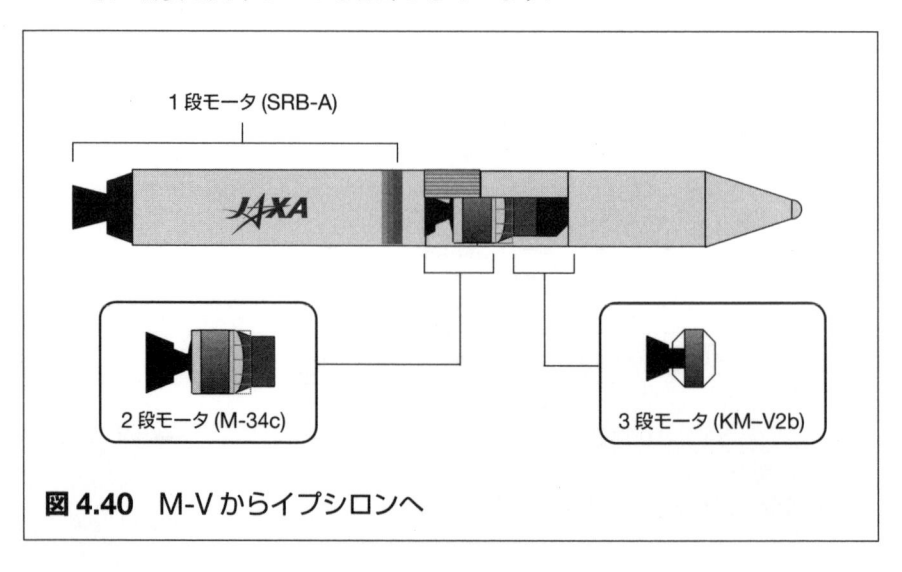

図 4.40 M-V からイプシロンへ

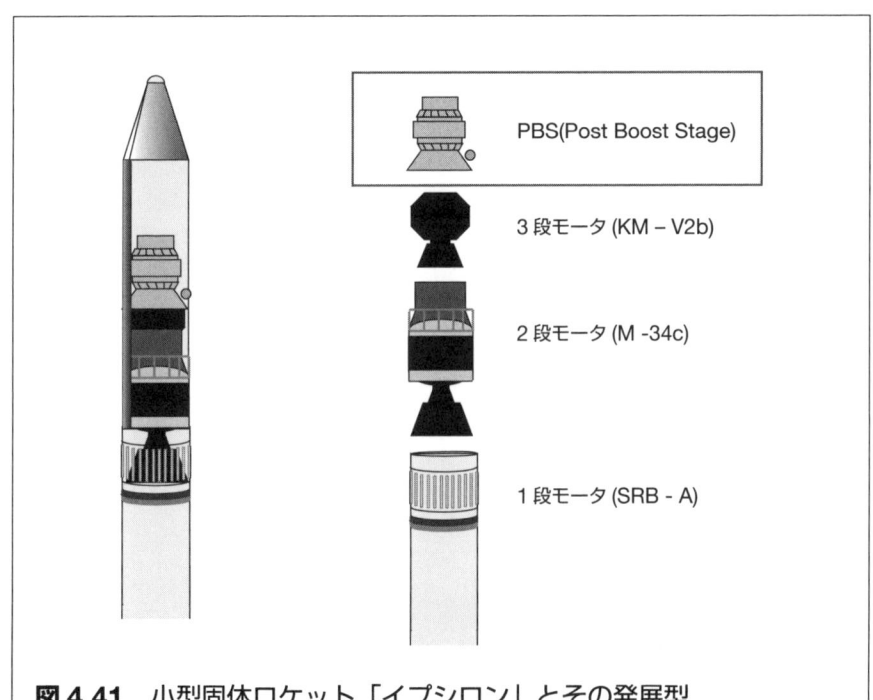

図 4.41 小型固体ロケット「イプシロン」とその発展型

　では，液体ロケットエンジンを利用する基幹ロケットの方はどうでしょうか．H-IIA や H-IIB ロケットの後はどうなるのでしょう．

　2006 年頃からすでに次期基幹ロケットの構想が JAXA 内で議論されていました．2013 年 5 月 30 日の宇宙政策委員会（日本の宇宙開発の方向性を議論する場，首相が本部長となっている宇宙開発戦略本部に意見を述べる有識者の会議体．5.5 節参照）において「新型基幹ロケットの開発に着手することが決まった」という新聞記事がありました．中間取りまとめではありますが，資料には「輸送系の全体像を明らかにし，我が国の総合力を結集して，新型基幹ロケットの開発に着手する」と明記されています．

　宇宙政策委員会の議論では，具体的な新型基幹ロケットのイメージは明らかではありませんが，公開されている宇宙輸送システム部会における委員の提出資料によると H-III ロケットと仮称されています．これまで JAXA において技術実証エンジンとして研究・開発が進められてきた LE-X は，この次期基幹ロケット用主エンジンを目指したものです．LE-X はエキスパンダーブリードサ

イクルと呼ばれる日本独自のサイクルを利用し，信頼性，コストの両面で世界のトップクラスを目指している比推力430秒という高性能のエンジンです．同様に公開されている宇宙政策委員会宇宙輸送システム部会での資料には1段用エンジンはLE-9，2段用エンジンがLE-11とも書かれています．ロケット本体については，上述のようにJAXAと三菱重工業が2020年度の初打ち上げを目指してこれまで議論を重ねてきました．トラブルの多いバルブの電動化や固体推進剤の高度化，炭素系の素材や複合材の利用による軽量化，低コスト化などがキー技術と考えられています．また，全体を1つのファミリーとして，幅広い打ち上げ能力に対応できる多様な液体／固体の組み合わせが有望視されています（図4.42）．

「H-IIIロケットは民間主導」といわれていますが，「民間主導」の意味自体がまだ不明確なうえ，担当省庁の議論も残されています．そのため，H-IIIロケットの開発確定までにはまだまだ紆余曲折も予想されます．ただ，日本が独自に打ち上げ用の基幹ロケットをもち，それを一定頻度で向上させていくことは，日本の宇宙開発技術の維持という観点でも，多様な衛星打ち上げ要求に応えられるという意味でも大切なことです．費用との対比も含め，宇宙政策委員会におけるよい議論を期待したいところです．

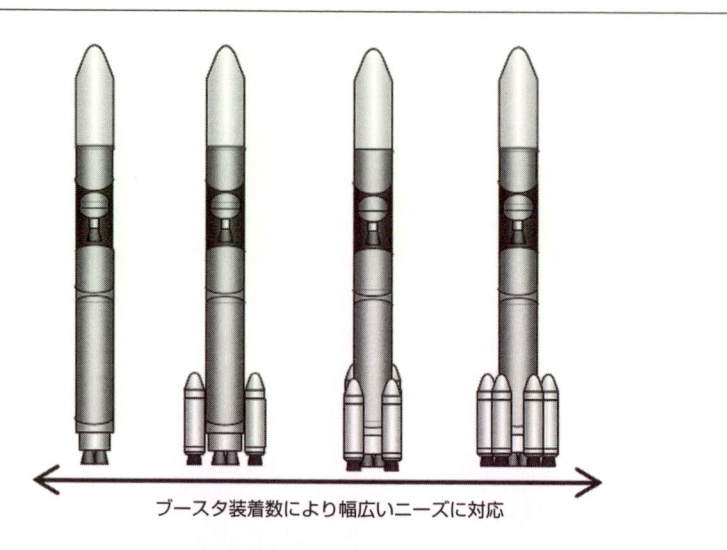

図 4.42　次期基幹ロケット構想

4.8 将来輸送機 ―再使用宇宙機とスペースプレーン―

　昔，といってもたかだか40年とか50年前のことですが，日本人にとって海外渡航は特別なことでした．海外旅行が自由化されて海外に自由に行けるようになったのは1964年の話です．ちょうど東京オリンピックの年であり，その影響もあったのでしょう．まだドルが360円という固定為替レートの時代，パスポートは1回限り，ほとんどの国はビザが必要な時代でした．飛行機はダグラスDC-8で，今はなきパンアメリカン航空（PAN AM）の全盛時代でした．ライト兄弟が最初に飛行したのが1903年ですから，1964年はそれから約60年後にあたります．これは日本の話であり，米国などはその先を行っていたでしょうから，はじめて飛行してから定常的な人の輸送実現まで50〜60年というべきかもしれません．

　1970年代に入ると海外渡航者は一気に増えていきました．いわば，海外旅行の大衆化が起きた時代です．つまり，はじめて飛行機が飛んでから60余年後に飛行機による海外旅行の大衆化が起きたわけです．

　では宇宙旅行はどうでしょう．人工衛星がはじめて飛んだのが1957年，当時のソ連のスプートニク1号です．はじめて人類が宇宙に出たのが1961年のガガーリンです．「地球は青かった」の名セリフはよく知られています．それから，50年あまりが経ちました．飛行機との相似でいえば，そろそろ大衆化が起きはじめる時期に差し掛かっているのではないでしょうか（**図4.43**）．大衆化のためには手軽で安全・安心な輸送手段が必要です．飛行機も長い時間をかけて信頼性を高めてきました．

　宇宙に向かうロケットの信頼性は90〜95%程度といわれています．10回から20回に1回は失敗の可能性があります（ちなみに航空機は500万回に1回程度といわれています）（**図4.44**）．まずは信頼性が上がらないと安心して宇宙には行けません．また，仮に事故率が下がったとしても，使い捨てのロケットでは値段が高くて，とても旅行する気にならないでしょう．ロケットの値段を大きく下げるには使い捨てではなく再使用可能なロケットを考える必要があります．

　再使用ロケットへの期待は1960年代からありました．それを実現したのがスペースシャトルです．残念ながら，スペースシャトルの価格は思ったほどに

図 4.43 宇宙旅行の時代が来た

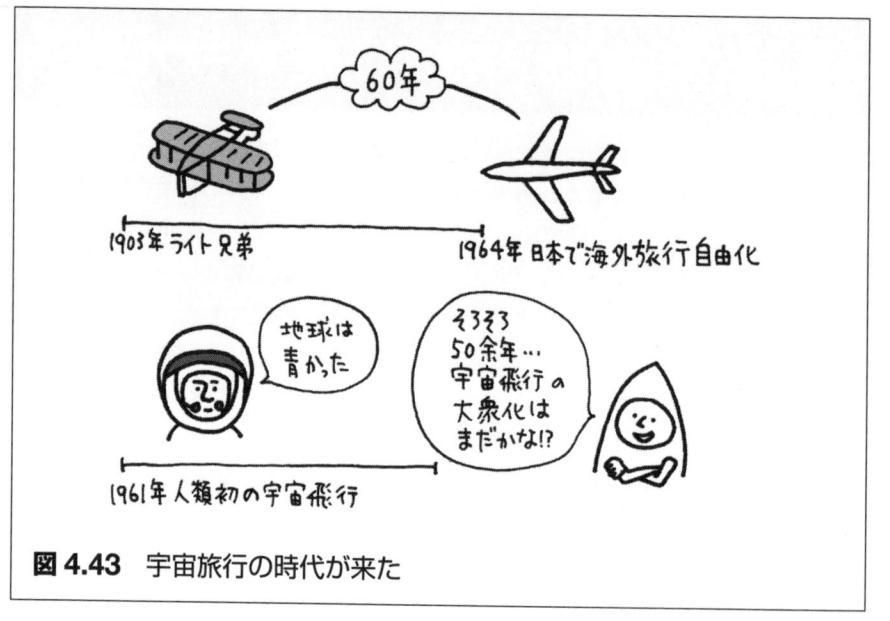

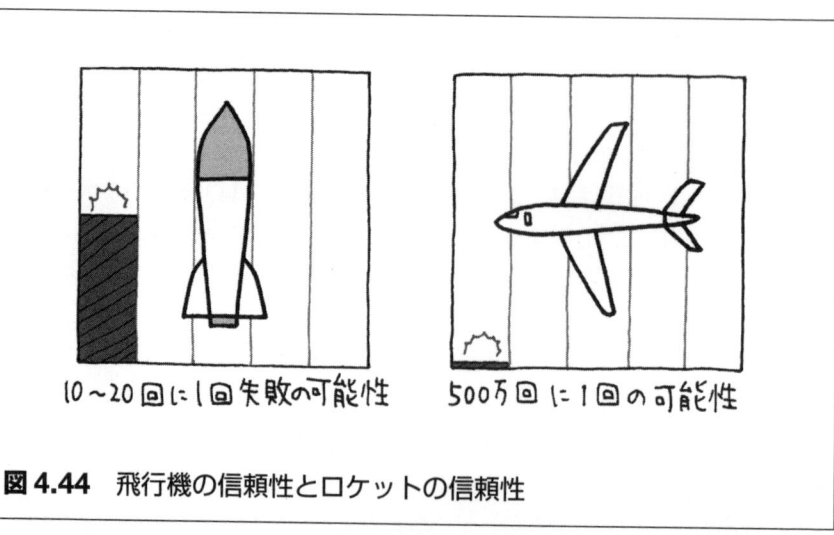

図 4.44 飛行機の信頼性とロケットの信頼性

は下がりませんでした．その理由には大きく2つのことがあげられます．1つは2回の事故によって生じた安全対策のための保守費用が増加したことです．2つ目には，そのこととも関係しますが，事故があったことで打ち上げ機会が当初予想より大幅に減少し，コスト増となったことです．当初，12億円程度と

見積もられたフライト費用は，実際には500億～1,000億円にも膨れあがってしまいました．例えば，帰還後の点検で，毎回2万5,000枚の耐熱タイルを1つ1つ手作業で検査・修復しなければなりませんでした（図4.45）．このように，結局，本当の意味での再使用になりきれなかったことが，スペースシャトル退役の理由といえます．

　再使用ロケット，もしくは再使用宇宙往還機の研究は，世界中でその後何度も盛り上がったり，消えたりしてきました．日本でも，HOPE-Xという宇宙往還技術試験機（図4.46）が考えられ，検討のためにOREX（図4.47(a)），HYFLEX（図4.47(b)），ALFLEX（図4.47(c)）といった再突入や離着陸試験のための実験機が飛びました．しかしながら，米国の2番煎じであることなど意義の見直しが議論され，予定していた2000年の打ち上げを待たずに1998年に計画は凍結，実機の製作は実現しませんでした．その後も，統合されたJAXA組織などを中心に個別の研究は継続されています．JAXA発足前の2000年初頭の頃に，宇宙科学研究所（宇宙研）ではM-Vの次のロケット開発の議論があり，空気吸い込み式エンジンを利用した水平離着陸の宇宙往還機（図4.48）と垂直離着陸の再使用ロケット（図4.49）がそれぞれの計画を出し合い，優劣を競う状況が作られていました．しかし，折悪しく，ちょうどその頃に国の主導でJAXAという新組織の発足準備が動きはじめました．その結果，宇宙研職

(NASA/Jack Pfaller)

図4.45 スペースシャトルの課題

図 4.46 日本の宇宙往還機計画「HOPE」

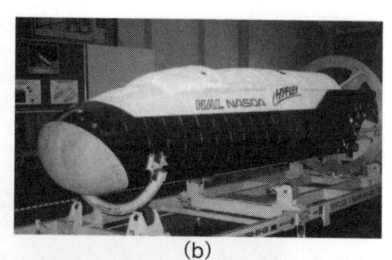

（画像提供：JAXA）

図 4.47 「HOPE」計画に向けた実験機

（写真提供：JAXA）

員は，新組織の議論，宇宙研の大学的な環境の維持などに奔走することとなり，これらのプランの比較検討は中途半端な形で終わってしまいました．このあたりは当事者の1人としてもとても残念なところです．

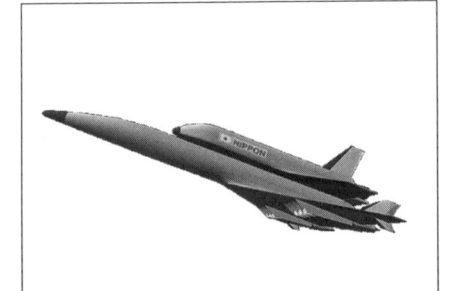

(画像提供：JAXA, ISAS ニュース No.255)

図 4.48 2段式水平離着陸宇宙往還機計画

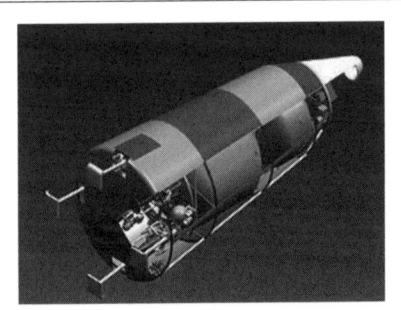

(画像提供：JAXA)

図 4.49 垂直離着陸再使用ロケット計画

　「スペースシップワン」など弾道飛行の宇宙機が航空機から発射されるように，一般に空気の濃い所では空気の力を利用する方が俄然有利です．1.1節で述べたように，現在の使い捨てロケットの多くはこの濃い空気の領域を空気と喧嘩しながら上昇していきます．これでは無駄が多いことは明らかです．実際に，多くのロケットは空気の濃い所を上昇するために燃料のかなりの部分を消費しています．また，スペースシャトルでは，全重量の70％くらいを酸化剤（液体酸素）が占めています．そうなると，空気を利用したエンジンを有する水平離着陸宇宙往還機（SSTO：Single Stage To Orbit）が考えられます．いわゆるスペースプレーンです（**図 4.50**）．ただ，空気の薄い所までエンジンを積んでいくのは合理的ではありません．実際に成立性はかなり厳しいと考えられてきました．機体を2つに分け，ブースター機体は空気を利用するエンジンを積んだもの，オービター機体はロケットエンジンを積んだものとするのも合理的です（**図 4.51**）．これがTSTO（Two Stage To Orbit）です．どちらも再使

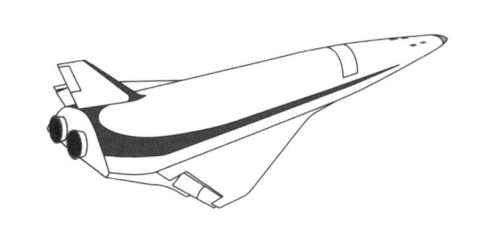

図 4.50 スペースプレーン

用できるよう工夫が必要です．一方で，今の使い捨てロケットのように垂直に上昇していく宇宙往還機も考えられます．基本的に通常のロケットですので，エンジンの繰り返し利用や頻繁な打ち上げ対応，さらに機体回収のための制御などに限定した開発が考えられます．これらの技術は，どの方式の再使用宇宙機にも共通ですので，そこに至る1つの過程と考えることも可能です．

　このような背景から，JAXA統合前に行われていた2つの形態の競争は立ち消えのままでしたが，垂直離着陸型の再使用ロケットは宇宙研のプロジェクトとして立ち上がり，現在，技術実証の研究が進んでいます．宇宙科学は科学衛星以外にさまざまな「飛び道具」を利用しています．それらは，観測手段としても，また（4.5節，4.6節でも出てきたように）将来の衛星の開発に向けた工学実証の一段階としても重要な道具です．高度40キロメートルくらいまでは大気球という輸送手段でさまざまな実験を行います（図4.52）．数百キロメートルという高度では観測ロケットという輸送手段でさまざまな実験を行います（図4.53）．観測ロケットは大きさにもよりますが，1機数億円の使い捨てロケットです．再使用できれば，打ち上げ頻度も向上しますし，試験費用も安くなります．さらに，ロケットと異なり，スロットリング（エンジン噴射の割合を調節）することで一定高度に留まったり，同じ高度で横方向に移動したりすることも可能となり，これまで以上に多様な高層大気の観測や工学的な試験ができるようになります（図4.54）．再使用観測ロケットの技術実証はあと数年で終わり，その後まずは高度100キロメートル程度の飛行を繰り返しできる本格的な機体開発に進むことを目指し，技術実証が続いています．

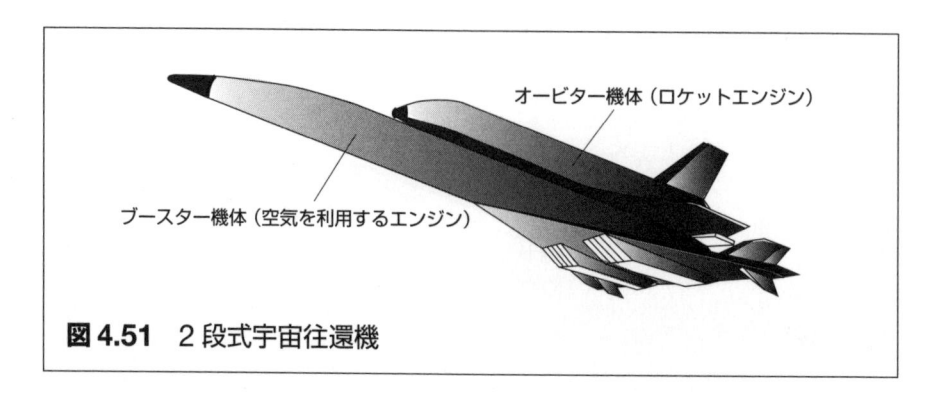

図4.51　2段式宇宙往還機

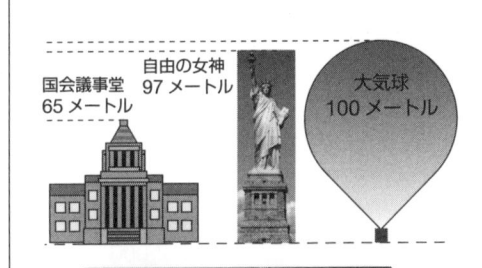

図 4.52 さまざまな実験手段：大気球

図 4.53 さまざまな実験手段：観測ロケット

図 4.54 再使用観測ロケット（RVT）技術実証プロジェクト

4.9 民間の宇宙活動

宇宙が観光の対象になりはじめました．「スペースシップ」という名前をご存じの方も多いでしょう．飛行機からロケットを飛ばして 100 キロメートル程度の高度で数分間の宇宙空間を体験する弾道飛行ツアーを目指して開発されている機体です．これ以外にも複数の会社が提案していて，およそ 2,000 万円程度でこのような体験ができます．これを高いと思うか安いと思うかは人それぞれでしょうが，魅力的であることは間違いありません．

NASA は，2000 年代半ばに有人と荷物輸送を担う「アレス I」，「アレス V」というロケット開発をはじめましたが，この計画は 2010 年にオバマ大統領によって中止となりました．かわって，民間主導の「ファルコン」というロケットシリーズが NASA の宇宙輸送を担うことになります．数年前から，NASA はロケット開発を民間主導型に転換してきました．「ファルコン」はその代表です．

このように，国の打ち上げロケットのビジネスに民間業者が本格的に参入し，宇宙旅行というビジネスについても，機体の開発から観光ツアー募集まで民間業者が参入する時代に入ってきました．宇宙観光ツアーはまだ準備段階ですが，ほかの分野の例で考えてもいったん火がつけばあっという間に広がり，結果として価格も安くなって宇宙への旅行は身近になっていくものと想像されます．以下，宇宙旅行ビジネスと打ち上げビジネスを分けて，それぞれ現状を見ましょう．

まずは宇宙旅行ビジネスの話題です．

2008 年にソウルにて韓国テレビ局 SBS 主催の「ソウルデジタルフォーラム (Seoul Digital Forum)」という会議がありました（**図 4.55**）．毎年，世界から著名人もたくさん参加する大きな会議です．この年は，「IMAGINATION Explore T.I.M.E. Space and Beyond」と題された会議でしたが，その中で宇宙関連のパネルディスカッションが企画されました．NASA の研究所の前長官，現長官といった専門家から宇宙旅行のビジネス化を図っている方など多様な顔ぶれが講演，パネル討論を行いました．著者の 1 人も招かれて参加しています．全体を通して共通だったのは，「宇宙空間の利用が急速に進みつつある．特に，宇宙旅行に関するビジネスが数年後には大きく花開くだろう」という点でした．

(写真提供：韓国 SBS　www.seouldigitalforum.org)

図 4.55　ソウルデジタルフォーラム 2008

　さらに，発明家であり，未来予測でもよく知られるレイモンド・カーツワイル（Raymond Kurzwell）氏は「今後 20 年の「想像や発明」はこれまでの 100 年を凌駕するペースで進むだろう」とも述べています（**図 4.56**）．

　現在，この分野で最も先を進んでいるのは「スペースシップワン」と「スペースシップツー」です．米国などには IT 事業で巨万の富を築いた方が多数います．日本にも（株）ライブドア元社長の堀江貴文氏のような方がいるように，その中には宇宙開発や宇宙旅行に強い興味をもっている方も少なくありません．そのような篤志家が宇宙を応援する援助や賞金を出しています．1996 年，エックスプライズ財団によってエックスプライズ（X PRIZE）が立ち上げられました．その後アミール・アンサリ（Amir Ansari）氏とアニューシャ・アンサリ（Anousheh Ansari）氏から資金提供の申し出があり，出資者名を入れてアンサリ・エックスプライズという名称に変更されましたが，そこで募集されたのが，「民間による最初の有人弾道宇宙飛行」のコンテストです．受賞の条件は以下の 3 つでした．

(1) 宇宙空間（高度 100 キロメートル以上）に到達する
(2) 乗員 3 名（操縦者 1 名と乗員 2 名分のバラスト＝おもり）相当を打ち上げ

図 4.56 宇宙利用の未来予想

る
(3) 2週間以内に同一機体を再使用し，宇宙空間に再度到達する

「スペースシップワン」は，2004年秋にこの受賞条件を最も早く達成し，開発元のスケールド・コンポジッツ社は賞金 1,000 万ドル（当時 10 億円以上）を獲得しました．「ホワイトナイト」と呼ばれる母機（航空機）で 15 キロメートル程度の高度に「スペースシップワン」を運び，そこから飛び立った「スペースシップワン」は高度 100 キロメートルまで上昇，3分の宇宙飛行を行って，基地に自力で帰還するというものでした（**図 4.57**）．

「スペースシップワン」の成功には4つの技術的特徴があります．

第1に空中発射方式です．この方式は，本書でも何度も触れたように，大気のある所では空気の力をできるだけ利用することにつながっています．「ホワイトナイト」が一定高度まで連れて行ってくれますので，「スペースシップワン」自体は多少空気の薄い所から宇宙空間に飛び出すだけの推進システムを有していればよいことになります．第2は，液体と固体のハイブリッド推進系です．酸化剤として液体亜酸化窒素（N_2O）を，燃料としては固体のブタジエン系の

(Scaled Composites)

図 4.57 「スペースシップワン」と「ホワイトナイト」

ゴムを利用したものです．第 3 は炭素繊維複合材の利用でしょう．強度で数倍，一方で重量は数分の 1 になります．最後の 4 番目は，尾翼です．これが回転したりすることで機体の姿勢を制御しています．

　スケールド・コンポジッツ社は航空機関連でユニークな試みを続けていたバート・ルータン（Burt Rutan）氏が作った会社で，資金的にはマイクロソフト創始者の 1 人でもあるポール・アレン（Paul Allen）氏が出資しています．

　スケールド・コンポジッツ社は「スペースシップワン」の成果をもとに，現在「スペースシップツー」の開発を進めています．ヴァージン・グループという名前を聞いたことのある方も多いと思います．レコード（ヴァージン・レコード）から民間航空機事業（ヴァージン・アトランティック社）まで手がける会社です．「スペースシップツー」の開発と利用には，ヴァージン・グループのリチャード・ブライソン（Sir Richard Charles Nicholas Branson）氏が，新たに宇宙旅行会社ヴァージン・ギャラクティックを立ち上げて，これを推進しています．「スペースシップツー」には 2 名の常務員と 6 名の乗客が乗り込めます．「スペースシップワン」同様に，「ホワイトナイトツー」によって一定高度まで飛んだ後空中発射によって弾道飛行を行うものです（**図 4.58**）．2007 年フライト予定でしたが，2013 年へと延期となりました．すでに 400 名を超える予約者リストがあるようですが，さらなる遅延も想定されています．

(Mark Greenberg/Virgin Galactic)　　　　　　(Mark Greenberg/Virgin Galactic)

図 4.58　「スペースシップツー」と「ホワイトナイトツー」

　エックスプライズ財団の活動に関しては，現在グーグルの資金的サポートにより，グーグル・ルナ・X プライズ（Google Lunar X Prize，略称 GLXP）が立ち上がっています．これは民間による最初の月面無人探査を競う総額 3,000 万ドル（約 24 億円）の賞金レースです．ミッションは

　　2015 年 12 月 31 日までに月面に純民間開発の無人探査機を着陸させ，着陸地点から月面を 500 メートル以上走行し，指定された高解像度の動画や静止画データを地球に送信すること

です（図 4.59）．最初に達成したチームに優勝賞金 2,000 万ドル（約 16 億円）が与えられます．同時に，月面に残るアポロ計画の宇宙船や水の痕跡の発見などのオプショナルミッションを達成したチームにはボーナス・プライズが用意されており，準優勝賞金 500 万ドル（約 4 億円）とあわせると，賞金総額は 3,000 万ドル（約 24 億円）にのぼります．2013 年 2 月現在で世界各国から 23 チームがレースに参加しています．日本の研究者もオランダで設立されたホワイトレーベルスペースチームに参加し，ローバー開発を担当していました．ただ，資金難から頓挫，日本チームが後を引き継いで 2013 年 7 月に「HAKUTO」というプロジェクト名称を得て，開発を進めています（図 4.60）．

　これ以外にもスペインに居を構える建築家ザビエル・クララムント（Xavier Claramunt）氏が提案する宇宙ホテルなどもあります．何年か前には「運営は 2012 年から」となっていましたので，こちらもかなり遅れ気味ではありますが，その計画は以下のようなものです（図 4.61）．

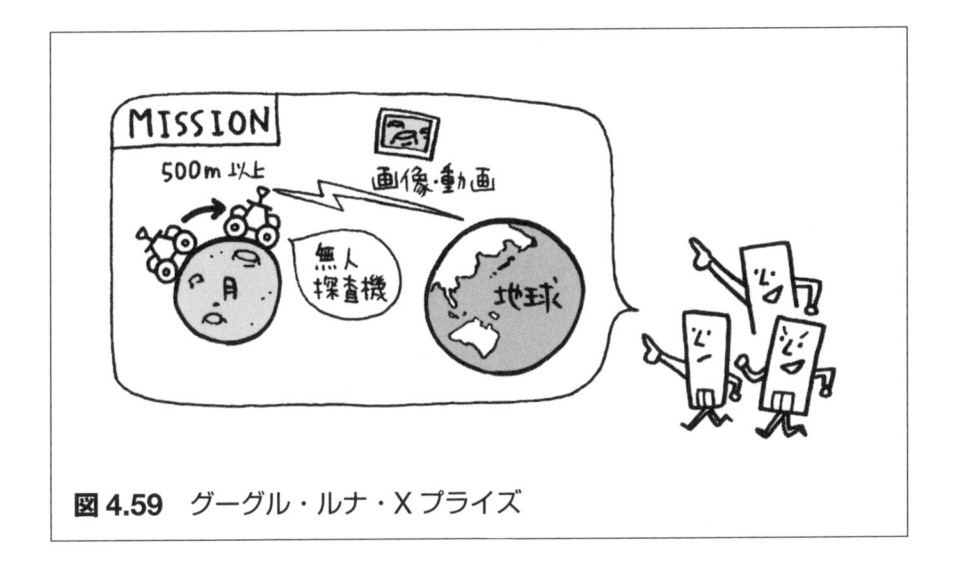

図 4.59 グーグル・ルナ・X プライズ

　宇宙ホテルを 450 キロメートルの高度に打ち上げる
　旅行者はカリブ海の島から宇宙船に乗る
　宇宙ハイブリッドロケットエンジンで乗員 2 名，乗客 4 名を輸送
　ホテルに 3 日間滞在
　1 人約 5 億円．

　前出のソウルデジタルフォーラムでクララムント氏本人と話したときには，半分冗談なのかもしれませんが，「浴室が最大の挑戦である」といっていました．
　みなさんがよくご存じの旅行会社 JTB も 2005 年に宇宙旅行の取り次ぎ窓口を設けました．現在は新規の申し込みを受けつけていませんが，普通の旅行社が宇宙旅行の窓口になる時代がもうそこまで来ています．
　さて，続いて宇宙輸送のロケットの話をしましょう．本節冒頭に NASA のロケット開発が民間主導型になり，「ファルコン」というロケットシリーズが NASA の宇宙輸送を担うと書きました．NASA の予算が厳しくなってきたこともあり，こちらはすでに現実となっています．こちらもその中心にいるのは，IT 産業（インターネット）で巨万の富を築いたといわれるイーロン・マスク（Elon Musk）氏により設立された Space-X 社です．資金源はやはり IT 企業です．彼らは，既存技術の応用とはいえ，ロケット全体を自力で開発しました．エンジンは 1 段目，2 段目とも液体酸素とケロシン RP-1 を推進剤としていま

図 4.60 チーム HAKUTO—日本からの挑戦

図 4.61 宇宙ホテルプラン

す．

　「ファルコン1」は，最初に開発された2段式の商業用打ち上げロケットで，高さ約20メートル，直径が1.7メートル，重量が39トンとイプシロンをさらに小さくしたくらいの大きさです（**図 4.62**）．低軌道に600〜700キログラム程度のペイロードを運べるもので，何度かの失敗の後に2008年9月以降，4号

機，5号機と成功を収めました．また，「ファルコン1」は低価格化のため，1段ロケットは洋上で回収して再利用可能なシステムで設計されています．それによって，打ち上げ費用が従来のロケットに比べて格段に低く，670万ドル（2013年8月時点で約6.7億円）とされています．ただ，これまで実際の回収は行われていません．

「ファルコン」は，民間主導でいちから複雑な液体燃料エンジンを作り，それを使ったロケットとして開発されました．同じ民間主導の打ち上げサービスといっても，その多くは不要となった軍事用の転用型で，新たな開発によって将来を切り開いたという意味で高い評価を与えるにふさわしいロケットといえます．

「ファルコン1」の成功により，より大型の「ファルコン9」が開発されました（図4.63）．「ファルコン9」は，全長55メートル，直径3.6メートル，低軌道に333トンのペイロードを運べます．1段目のエンジンは「ファルコン1」のマーリンICエンジンを9基束ねたもので，それらによって約10倍の輸送能力にアップしています．2010年6月に初打上げ，2010年12月に試験フライトの2号機で「ドラゴン補給船」試験1号機を打ち上げました．すなわち，民間企業として世界ではじめて地球周回軌道の飛行と帰還カプセルの回収に成功しています．すでにNASAとSpace-X社は契約を結び，「ファルコン」は国際宇宙ステーションへの物資輸送を担当しています．同じくSpace-X社開発による「ドラゴン補給船」はこの物資輸送を担う宇宙船です（図4.64）．全長3メートル，直径が3.6メートル程度の大きさで，ステーションの軌道に3トンほどの物資を輸送できます．2012年秋には補給フライトを実施し，民間企業によるはじめての宇宙ステーションとのドッキング，物資の補給となりました．「ドラゴン補給船」からの物資輸送は日本の星出彰彦宇宙飛行士が担当しました．ま

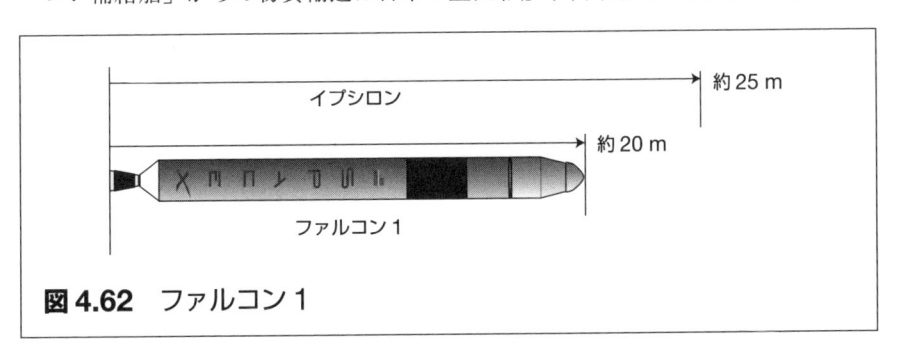

図4.62 ファルコン1

図 4.63　ファルコン 9

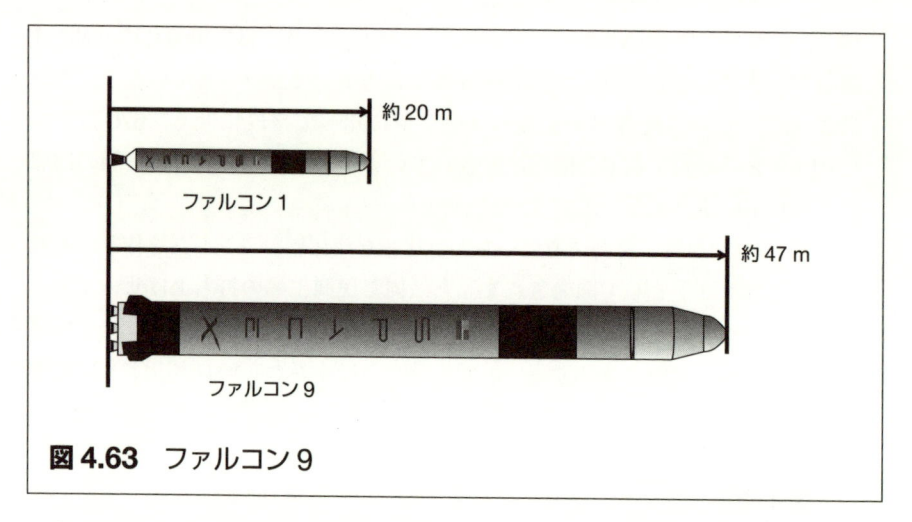

た，ドラゴンは耐熱性能を有しており，アポロのように自ら地球に帰還します．2013年3月には，2度目の物資輸送を行い，多少のトラブルがあったものの，544キログラムを補給し，1トンあまりの物資を逆に地球に持ち帰っています．

　宇宙輸送の経験が積まれ，国の宇宙開発予算の厳しい状況もあり，民間の果たす役割が次第に膨らんできました．日本においても，H-Ⅱシリーズは基本的に民間主導，既存のロケットに関しては打ち上げの責任だけがJAXAの主たる業務になりつつあります．今後開発予定のH-Ⅲも民間主導ということが強調されています．自動車や鉄道を考えてみても，今や国にはこれらを直接に対象とする研究所や機関はなく，それぞれに企業が研究を進めるとともに，受託事業を主とした財団法人である日本自動車研究所，鉄道総合技術研究所といった組織が研究面を支えています．飛行機も，以前に存在していた東京大学航空研究所や科学技術庁航空宇宙技術研究所といった国の研究機関の役割は次第に小さくなり，企業を中心とした研究活動への協力・支援とさらに将

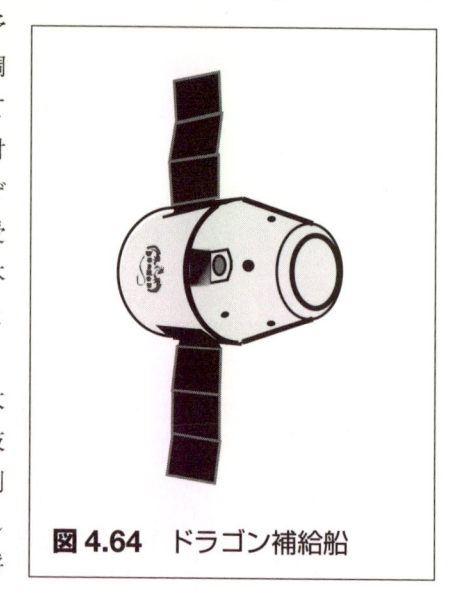

図 4.64　ドラゴン補給船

来に向けた研究が国の実施事業内容へと変化しました．宇宙開発も遅れること数十年，困難な目標という意識で国が中心になって進めてきたことも，次第に民間主導になる時代に入りつつあるのでしょう．宇宙開発は国家安全保障に直接つながることもあり，国の有する重要な基幹技術として国策的な面が多く残っていることはいうまでもありません．また，国が「その先の技術」への投資をやめたら民間のビジネス展開もその先でつまずいてしまうでしょう．国の役割がなくなるわけではありませんし，むしろ国がすべきことがより明確になっていくだろうと思われます（**図 4.65**）．一方で，「宇宙ビジネスは観光から発展していく」というだけでなく，多方面から急速に宇宙を利用する民間の動きが加速することも間違いないでしょう．

図 4.65 宇宙開発—国と民間の役割

第5章 宇宙開発を目指す

5.1 JAXAで働く

　宇宙航空研究開発機構（JAXA：Japan Aerospace Exploration Agency）が発足してはや10年になります．当初はアンケートをとっても，「NASAは知ってるけど，JAXAって何？」と，ほとんど認知されていなかったJAXAという名前も宇宙飛行士の活躍や小惑星探査機「はやぶさ」をテーマにした3本の映画やテレビ番組などによって最近のある調査では70.8%といった認知度になってきました．

　JAXAは，それ以前の3組織が統合されて2003年10月に発足しました．統合前の最大の組織はNASDA（National Space Development Agency of Japan）と呼ばれていた宇宙開発事業団です．旧科学技術庁傘下の特殊法人の1つで，名前の通り，事業として宇宙開発を行う組織でした．いくつかの失敗やトラブルを乗り越えながら，事業を定義し，丁寧に仕事をこなすことにかけては国内有数の技術者を有する組織でした．2つ目は，航空宇宙技術研究所です．NAL（National Aerospace Laboratory）と呼ばれたこの組織は旧科学技術庁の研究所です．同じように研究所という名称であっても，旧文部省系の研究所が大学と同様な教育職（教授など）中心の組織であるのに対して，旧科学技術庁の研究所は，研究官，主任研究官，室長，部長といった組織構成でした．3つ目は，宇宙科学研究所（ISAS：Institute of Space and Astronautical

Science），いわゆる宇宙研で，日本で最初のロケット，最初の衛星を開発した組織です．もともと，東京大学の付置研究所であった「東京大学宇宙航空研究所」が，宇宙事業規模が拡大したため，東京大学から独立して文部省大学共同利用機関となったものでした．宇宙科学というと，星の形成や消滅といった宇宙の進化や物質や生命の起源を探るといった理学的研究をイメージされがちですが，研究所が生まれた 1980 年当時から宇宙科学とは「宇宙理学，工学の学理とその応用」と明確に定義され，例えば独立行政法人宇宙航空研究開発機構法（いわゆる JAXA 法）にもそれが明記されています．実際に，宇宙研の研究者の半分以上は工学研究者であり，ロケットなど地上から宇宙への輸送系なども研究の対象です．大学的な色彩をもち，自由な発想に基づく研究，探査機と同じように自らの自律による管理を尊重する姿勢は宇宙科学プロジェクトの進め方にも生きています（**図 5.1**）．

現在，JAXA の職員は 1,500 人超で，多くの職員は，筑波宇宙センター，調布キャンパス，相模原キャンパスの 3 ヶ所のいずれかに在籍しています．ロケッ

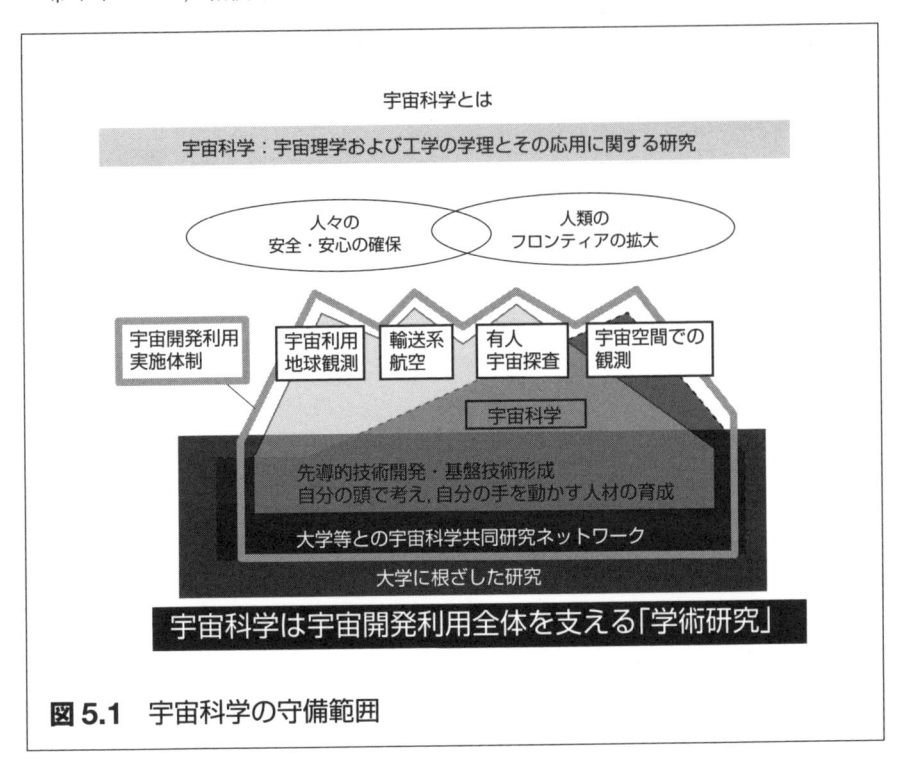

図 5.1 宇宙科学の守備範囲

トの打ち上げは種子島と内之浦で行われます．どちらも鹿児島県です．種子島からは基幹ロケットの中心であるH-IIAとH-IIBを打ち上げます．M-V終了以降観測ロケットのみの打ち上げ場所となっていた内之浦では，2013年度から次期固体ロケット，イプシロンの打ち上げがはじまりました．

　ところで，JAXAで仕事がしたいという方が多いと聞きます．JAXAで働くにはどうしたらよいでしょう．以下はあくまで現時点（2013年8月現在）での情報です．実際にはJAXAのサイトなどで最新情報をご確認ください．

　JAXAの職員は，大きく分けて常勤職員と期限つき職員の2つに分かれます．採用という面でいえば，前者はさらに新卒採用と経験者採用の2つに分かれます．それ以外に，宇宙飛行士の募集や障がい者採用，役員募集といったものもありますが，これらについては直接サイトをご覧ください．

　最初に新卒採用です．言葉の通り，新規に大学などを卒業する予定の方の採用です．一部に大学院修了を条件とする項目もありますが，一般的には高専，専門学校，大学を卒業していれば応募資格があります．

　新卒採用は毎年2月頃から1つ先の年の4月の採用募集がはじまります．例えば，平成26年（2014年）2月の募集は，平成27年（2015年）4月採用に対応しています．提出されたエントリーシートに対する書類選考，続いて自宅などで受けられるインターネット上での基礎学力試験が行われ，実際に面接に進む方が絞り込まれます．一般論ですが，しっかりした基礎力をもっている方なら面接に進むチャンスは十分あります．ただ，倍率は数十倍といわれていますので，それなりに厳しいことも確かです．その後，2次面接，最終面接と2回の面接を経て採用が決定します．

　JAXAは航空宇宙に関わる組織です．ただ，宇宙機は機械や電気などを総合したシステム機器です．決して「航空宇宙」関連の大学や大学院を卒業している必要はありません．また，JAXAは研究者，技術者だけから成る組織でもありません．文系の方にもたくさんのチャンスはあります．

　次に，経験者採用です．新卒採用の応募資格が比較的オープンであるのに対して，こちらはJAXAが必要とする事業内容に絞り，経験を有する方を募集するものです．ウェブサイトにあるように最近（2013年）の採用数は10〜20名です．幅広い項目が並んでいますので，適したところを探されるとよいでしょう．例年，次年度採用について7月頃には募集項目が示され，8月末くらいに応募締め切りとなります．そこから先は新卒採用と同様に書類選考，面接と進

みますが，選考の視点が募集項目を意識したものである点が新卒採用と異なります．

なお，JAXAには大学共同利用システムに基づいて運営される宇宙科学研究所（既出，宇宙研）があります．ここには，大学や大学共同利用機関と同様に現在約150名の教授，准教授，助教といった肩書きをもつ方々がいて，その選考は上記とまったく別に行われます．ときどきに個別募集が出て，競争的な人事評価の中で人選されるという大学と同様のプロセスで選考となります．

一方で任期に定めがある職員募集もあります．基本は3年，最大で5年とされている「招聘職員」は，常勤職員で賄いきれない部分を一定の期限だけ補うために設定されています．ときどきに募集が出ますので，人事採用のサイトを見て，自分にあった募集があれば応募することになります．さらに，博士課程修了直後の研究者育成目的で設定された「プロジェクト研究員」制度があります．大学などのいわゆるポスドクと同様の制度です．こちらも毎年夏頃に募集テーマが公開され，競争の中から研究員が選ばれます．最大で3年です．

最後に非常勤職員について記します．ほかに職をもっている方や勤務時間に

図5.2 JAXAでは多種多様な人が仕事をしている

限度がある方にもJAXAで働くチャンスはあります．専門性を有する方から事務支援職員まで多種多様な募集も出ますので，そちらも忘れないでいただきたいところです．

以上，ざっとJAXAの職員になるための情報を整理してみました．JAXAのキャンパスでは，職員以外にも関連企業の方々，大学関係の方々，この後述べる大学院生，そして派遣会社の方々などもたくさん働いています．JAXA職員だけでなく，こういった多様な方々が日本の宇宙開発の現場を支えているのです（**図5.2**）．

5.2　JAXAで学ぶ

JAXAのキャンパスで200人を超える大学院生が研究に従事していることをご存じでしょうか．

教育は本来大学が担うものであることはいうまでもありませんが，宇宙開発の現場は優れた教育の場でもあります．優れた論文を書くことや現象を解析することはもちろん大切ですが，「ものづくり」を知ることは，社会の中でとても重要です．学術会議でも，最近はT型人間，シグマ型人材と呼ばれる専門領域に閉じない人材の育成の大切さなどがメッセージとして出されるようになってきました．

ロケットにせよ衛星にせよ，1つの宇宙機は多様な学問がシステムとして集まった総合工学の典型です．電気，機械といった大括りの学術分野から成り，例えば，機械分野だけ考えても，さらに機械力学（ダイナミックス），材料力学，流体力学，それらを統合して全体でものを考えるシステム工学と，分化したさまざまな分野の知識を必要とします．宇宙開発は，幅広い個別分野と統合するシステム工学を学ぶ格好の場なのです．

JAXAの一組織になった宇宙科学研究所（宇宙研）はもとをたどると，東京大学の一部，東京大学宇宙航空研究所であることはすでにお話ししました．当然，所属する研究者も東大教員でした．宇宙研が東京大学から離れて文部科学省の直轄研究所になった1980年，宇宙研の教員が（併任ポストとして）東京大学大学院の教育に携わることが継続されました．人数は限られますが，JAXAになった後もそれは維持されています．JAXA自体が大学院組織をもっているわけ

ではありませんが，過去の経緯から 48 名（教授 19 名，准教授 7 名，助教 22 名，2013 年現在）の教員が東大の大学院教育に関与し，宇宙研の研究室において東大の大学院生の指導を行っています．また，宇宙研は東大から離れて以降 JAXA 発足まで大学共同利用機関でした．大学共同利用機関とは，個々の大学でもてない規模の設備をそこに用意し，大学などの研究者が大規模な研究をそこで進めるための研究所を指します．宇宙研では，ロケットや衛星，そしてこれらの開発に関わる試験設備などがこれに相当します．独立行政法人 JAXA の一部となった宇宙研は，大学共同利用機関ではありませんが，そのシステムを維持することが認められています．大学共同利用機関が共同で立ち上げた博士課程一貫 5 年制教育を担う大学院は総合研究大学院大学（総研大）と呼ばれていて，そこには宇宙科学専攻が設けられています．同専攻は実質 JAXA 相模原キャンパスに置かれ，宇宙研がその運営を任されています．

長くなりましたが，以上のような事情から，宇宙研の 90 程度の研究室には合計で 200 名を超える大学院生が所属しています．これらに加えて，他大学に所属をもちつつ，宇宙研にて研究を進め，所属大学院教員と宇宙研教員とが共同で指導にあたる特別研究員制度もあります．所属大学院の指導教員，宇宙研の指導教員の双方が認めれば，他大学に所属しながら宇宙研で研究を進めることも可能です．現在，40 名程度の大学院生がこの制度のもとで研究を進めています．まとめると，東大大学院学際講座，総研大大学院，特別共同利用研究員の 3 つの制度が利用可能です．宇宙研の先生方は，みな優しい（？）方ばかりです．まずは，宇宙研のサイトや個々の研究室のホームページなどを確認し，

	2008 年度			2009 年度			2010 年度			2011 年度			2012 年度		
	修士	博士	合計	修士	博士	合計	修士	博士	合計	修士	博士	合計	修士	博士	合計
総合研究大学院大学	10	23	33	8	30	38	8	32	40	6	36	42	6	34	40
東京大学大学院学際講座	56	41	97	51	39	90	55	38	93	67	46	113	75	35	110
特別共同利用研究員	32	8	40	22	9	31	29	9	38	38	12	50	31	14	45
連携大学院	28	19	47	47	24	71	52	19	71	58	19	77	48	15	63
合計	126	91	217	128	102	230	144	98	242	169	113	282	160	98	258

図 5.3 JAXA における大学院教育と大学院生数

遠慮なくコンタクトしてみたらよいでしょう．

　宇宙研以外のJAXAの職場にも人材育成への大きな期待があります．そこで連携大学院制度を利用して，多数の大学における教育に協力しています．JAXAと大学との協定のもとで，JAXAの職員が大学の教員を兼務しているケースもあります．2011年の実績で，航空分野をはじめ30人あまりのJAXA研究者が他大学の連携大学院教育に参画しています．本務活動でない点は上記宇宙研の2つの制度とは異なりますが，大学院生の教育に携わる意味では同じように研究を実施できます．参考に，図5.3に全体概要と学生数などの一覧を示しておきます．JAXAには，大学研究機関等連携室が窓口としてあります．所属学生へのインタビュー情報など掲載されているので，連携室のウェブサイトにアクセスするのも参考になるでしょう．

5.3　先端を切り開く宇宙科学の仕組み

　大学院教育の例からもわかる通り，宇宙科学研究所（宇宙研）はJAXAの中では異色な存在です．プロジェクトの選定や実行についてそのことを記してみましょう．

　1つの宇宙開発プロジェクトは予算が数百億円という大きな規模ですので，プロジェクトとして実行するかどうかの決断（プロジェクト化）はとても重要です．そのこと自体は，利用衛星や基幹ロケットのプロジェクトでも宇宙科学のプロジェクトでも同じで，最終的にはJAXA理事長の判断によります．ただ，宇宙科学プロジェクトの実質的な判断はJAXAではなく，宇宙科学に携わる国内の研究者自らに委ねられています．そこに「はやぶさ」のような優れたプロジェクトが育つ原点があるので，宇宙科学プロジェクトが生まれる仕組みをお話ししましょう．

　図5.4を見てください．4.5節でも触れましたが，宇宙研には，以前から宇宙理学委員会と宇宙工学委員会という2つの委員会があります．これらの委員会の構成メンバーは，約半数が大学・研究機関等の研究者，残りが宇宙研の研究者です．委員長は委員会メンバーの互選で決まります．当然，宇宙研教員以外の方がなることもあります（実際に，2013年現在，両委員長とも大学の方です）．2つの委員会にはいくつかの大切な役割があります．その1つは，JAXA

```
                宇宙科学研究所
              宇宙科学プロジェクトの実施
                      ↑
          宇宙理学委員会  │  宇宙工学委員会
        自由な発想による萌芽的・先進的研究の実施
        次のプロジェクト候補成熟のための支援
                      ↑
              大学研究者コミュニティ
              (理学・工学研究班員)
```

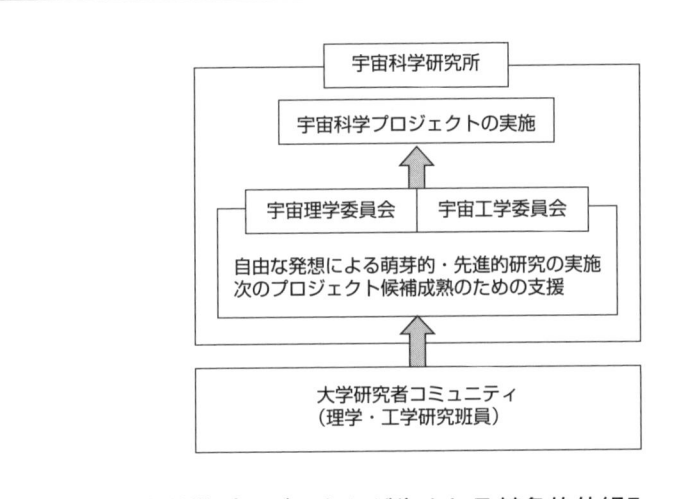

図5.4 宇宙科学プロジェクトが生まれる競争的仕組み

が管理する宇宙科学の基礎的な研究費，すなわちプロジェクトの種を育てる準備段階の研究費配分を決定する任務です．厳しい評価プロセスによってこの競争的資金は配分されます．宇宙研内の教員も，大学などの研究者も対等です．この中で，将来プロジェクトに育つもの，宇宙科学の根本を変革する工学技術といった提案は，審査を経て，ワーキンググループ（WG）という名称を与えられます．いわば，「プロジェクトの卵」がここで生まれるのです．経験の豊富さなどから，結果として宇宙研教員が主査となることは少なくありませんが，WGの主査もメンバーもJAXA職員である必要はありません．

具体的に例をあげましょう．

例えば，小型月着陸実験機WGは「降りたいところに降りる」着陸技術を月面で実証することで，将来の月・惑星探査の基盤技術を獲得することを目標として掲げています．小型の探査機を開発し，100メートルオーダーの精度でのピンポイント着陸のための航法誘導系や障害物検知・回避技術などの技術確立を諸外国に先駆けて行うことが具体的な内容で，月面を用いた実証を目指しています（**図5.5**）．このWGはイプシロンロケットを使う小型衛星プロジェクト提案に向けたWGで，かなりのところまで検討が進んでいる工学のWGの例です．これ以外にも同レベルの検討が進んでいるグループが，理学，工学双方にたくさんあります．

(画像提供：宇宙工学委員会資料より)

図 5.5 小型月着陸船実験機ワーキンググループ

理工学委員会等で構想・検討段階の提案一覧

宇宙理学員会

次期磁気圏衛星(SCOPE)WG
大型国際X線天文台計画(ATHENA)WG
超広視野初期宇宙探査衛星(WISH)WG
宇宙線反粒子探索計画　GAPS　WG
太陽系外惑星探査(JTPF)WG
国際共同木星圏総合探査計画 WG
Luna-GLOB Penetrator 搭載計画検討 WG
次期太陽観測衛星 SOLAR-C WG
次期火星探査(オービター)WG
火星大気散逸探査検討 WG

・小型科学衛星 WG
編隊飛行による高エネルギー走査衛星(FFAST)WG
超小型精密測位衛星(PPM-Sat)WG
高感度ガンマ線望遠鏡(CAST)WG
小型重力波観測衛星(DPF)WG
ダークバリオン探査衛星(DIOS)WG
X線ガンマ線偏光観測小型衛星(POLARIS)WG
宇宙背景放射偏光精密測定計画(LiteBIRD)WG
赤外線探査による小型位置天文衛星(JASMINE)WG
ガンマ線バーストを用いた初期宇宙探査計画(HiZ-GUNDAM)WG

宇宙工学員会

ソーラーセイル実験探査機 WG
月惑星表面探査技術 WG
ハイブリッドロケット研究 WG
スペースプレーン技術実証機 WG
フォーメーションフライト技術 WG
プラズマセイル WG
次世代小型標準バス技術 WG
先進的固体ロケットシステム実証研究 WG
火星探査航空機 WG
展開型柔軟エアロシェルによる大気突入システム WG

・小型科学衛星 WG
太陽発電衛星技術実証 WG
小型月着陸実験機 WG
プラズマセイル WG
深宇宙探査技術実験ミッション WG

図 5.6 プロジェクト化を待つ多数のワーキンググループ

2013年現在，承認されているワーキンググループ一覧を**図 5.6** に示します．これだけの数のプロジェクト予備軍がプロジェクト提案の機会を待っています．

では，ここからプロジェクトはどう選定されるのでしょう．予算状況を勘案して，あるタイミングで宇宙研からプロジェクトAO（Announce of Opportunity）が出されます．「○○規模の提案を受け付ける」というものです．○○には，今のところ予算額が入ることが多いのですが，長期的な視点での宇宙科学の挑戦という観点から，今後は少し変わるかもしれません．これに対して，提案レベルまで検討が進んだWGが，科学的意義，実現性，予算規模，人員体制といった情報を盛り込んだ提案書を提出します．その後，上記の委員会で議論が行われ，さらに理学と工学双方からの提案があった場合には，宇宙研に設置された企画調整会議（プロジェクト選定については外部有識者を含めることもある）によって宇宙研がJAXA理事長に提出する最終案が決定します．最近では，宇宙科学運営に関する会議体である宇宙科学運営協議会（これも外部有識者が半数以上）の場を利用して，このような重要な意思決定に関わる意見を所長に対して述べることが多くなりました．例えば，開発がある程度進んだ段階でASTRO-G電波天文衛星の開発を中止するという決定に至るまでには，この宇宙科学運営協議会においてかなりの時間を費やして議論しました．科学衛星プロジェクトは，プロジェクト化以降だけで，最低でも5年が必要です．1つのプロジェクトを担うことは研究者の一生の仕事ともいえます．申請代表者などプロジェクトの中心を担う方が申請時点で大学所属の場合には，宇宙研に異動してプロジェクトを実行することも多々あります．

　宇宙科学プロジェクトが高い成果を挙げる背景には，以上のように，研究者コミュニティが自らのアイデアで提案を行い，競争的な環境の中，かつ厳しい議論の中でその提案をプロジェクトに育てていくという姿があるのだと知っていただけたら幸いです．

　衛星や探査機の設計や開発自体もJAXA職員や企業の方だけが行うわけではありません．ミッション機器を利用する理学研究者はその所属に関わらず，少なからぬ人数が設計段階から衛星開発に参加します．観測装置から得られるデータを使うだけの理学研究者（ユーザ）と区別してプレイヤーと呼ばれることもあります．最近は科学衛星も大型化し，観測機器も複数が搭載されることがほとんどです．ある機器はNASAが責任をもつとか，別の機器は欧州や米国の研究者グループが責任をもって開発するなど，日本の科学衛星や探査機のほとんどすべては国内研究者だけでなく，海外の研究者も参加する国際協力のもとで，その開発が進められると考えていただいて構いません．また，JAXAという組

織が発足したことで，NASDAで活躍してきた職員の方々の力がより直接的にいかせるようになりました．

5.4　最先端の研究開発成果が産業を拓く

　JAXAは宇宙開発を担っていますが，その目的はロケットの開発，人工衛星や探査機による観測，探査だけでしょうか．

　もちろん，新たな科学的成果を得ることは私たちの知識を深めるためにとても大切です．宇宙空間で人が活動することで見えてくることもあります．例えば，宇宙飛行士の方々と話をしているとなるほどと驚かされることがたくさんあります．私たちは「落ちる」，「転ぶ」という言葉を普通に使っています．でも，宇宙ステーションにはこの言葉は存在しません．落ちたり，転んだりするのは重力があるからです．ポケットにものを入れることも宇宙ステーションでは簡単にはできません．重力があるからポケットに入れた「もの」がきちっと下の方に収まってくれているのです．椅子や机も，衣服や靴といったものも，すべて重力がある地球という空間だからこそこういった形になっています．もし人間が重力のない空間でその歴史を進めてきたとしたら，生活用品も言語も異なるものになったのでしょう．宇宙は，先端機器の開発現場であると同時に新しい発見の場でもあるのです．

　さて，宇宙という難しい場を対象として開発する高度な機器やその機能を宇宙だけで利用するのはもったいないと思うのは当然です．宇宙の技術も次第に成熟してきました．そして，これらの技術やアイデアを広く地上の産業に活用しようという動きが最近とても活発になってきました．こういった技術を宇宙のスピンオフ技術と呼びます．昔，NASAのボールペン（フィッシャースペースペン，重力に逆らって逆さにしてもすぐに書けるペン）というものを聞いたことがある方も多いでしょう．こういった技術です．

　宇宙開発と産業界との関係はどのようなものでしょうか．図5.7は，宇宙産業を模式的に描いたものです．ロケットを作ること，衛星を作ることは，みなさんすぐに思い浮かべられるでしょう．これらの産業はピラミッドの頂上部分にあたります．でも，2.1節でもお話ししたように，実はもっと近いところに宇宙に関連する商品やサービスがたくさん存在しています．みなさんはこのこ

図 5.7 宇宙開発と産業界

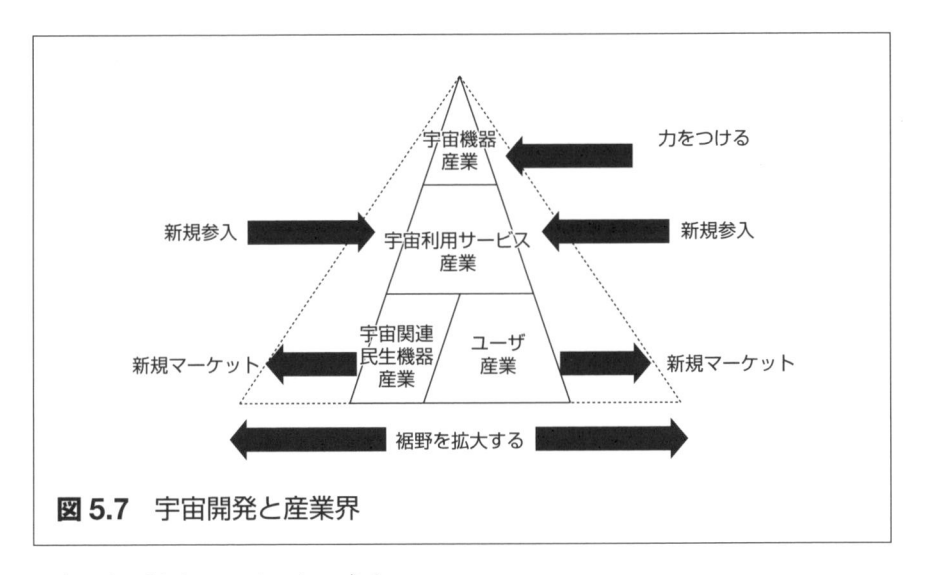

とに気づかれているでしょうか．

　身近な企業が宇宙開発の一翼を担う，宇宙スピンオフの商品が身の周りに増えていく，といったことを宇宙産業の裾野拡大と呼んでいます．このようなものが増えれば増えるほど，宇宙開発が特別なものではなくなりますし，みなさんが宇宙産業に関わるチャンスも生まれてくるといえます．

　それでは，どのようなものがあるのか，具体的に紹介しましょう．

　まず，図の第2階層の部分です．人工衛星の打ち上げサービスを提供すること，人工衛星を使って通信サービスや観測データ提供をすることなどがここに相当します．テレビの衛星中継で使われる通信衛星や，天気予報の気象衛星「ひまわり」あたりなら，ほとんどの方はご存じでしょう．では，ほかの人工衛星は何をしているのでしょうか．3.2節でも触れた地球観測衛星はその名の通り，宇宙から地球の様子を見る衛星です．陸を見る，海を見る，大気を見るなどいろいろなタイプがあります．これだけ聞くと身近には聞こえません．ところが，これが私たちの生活に密接に関係しています．代表事例は「魚」です．漁師といえば，長年の経験を頼りに魚がいる海域を見定めて漁船を繰り出す，そんなイメージがあるかもしれません．しかし，現代の漁船はまさにハイテクのかたまりで，地球観測衛星の観測データをもとに，海面水温の分布から魚のいる場所を見極めることができます．非常に科学的で効率的な漁業が行われています．みなさんが食べている魚は，もはや宇宙とは切っても切れない状況にあるので

す．「新規参入」と図にあるように，新たなアイデアによって，こういった利用をどんどん拡大することができます．

　図の最も下の階層の話をしましょう．例えば，耳式体温計です．耳式体温計に使われている基本技術は，赤外線による温度計測です．宇宙科学の分野で技術が培われてきた赤外線天文観測の成果が生かされています．昔ながらの水銀式体温計は割れると危険で，しかも測定に時間がかかりました．今は安全に，かつ短時間に体温の計測ができます．また，エアロビクスをご存じでしょうか．宇宙開発とのつながりなど知らない方が多いと思いますが，もともとは米国で宇宙飛行士の訓練のために考案されたプログラムだったのです．ところで，みなさんはどんな枕をお使いでしょうか．低反発素材の枕を好まれる方も多いのではありませんか．低反発素材は，もともとは宇宙飛行士を守るための技術でした．ロケットで宇宙に向かうときには，打ち上げ時に大きな「G」がかかります．そこで，宇宙飛行士の体をその「G」から守るために開発されたのが，ここで利用されている低反発素材でした．この素材も宇宙飛行士用だけならば，ごく少量の生産で足りてしまいます．一方で，それでは価格はとても高いものになります．また，宇宙開発の現場では大量生産用の技術にまでは踏み込めません．そこで産業界との連携が重要になってきます．宇宙で培った技術と民間の産業界が得意な大量生産技術を組み合わせることで，一般の消費者の手元にも届くような商品に生まれ変わることができるのです．

　スマートフォンや携帯電話についている行き先と現在位置を画面で確認しながら移動ができるという機能はみなさんよく使われるでしょう．これがGPSのお世話になっていること，そこにはGPSの衛星が関与していることは3.2節でお話ししました．GPS衛星から得られる情報は，自分がいる場所と時刻だけです．これにさまざまな情報を組み合わせることで，生活に密着した多様なサービスが生まれます．上記の例は地図と組み合わせたナビゲーションですし，店舗情報を加えれば集客ツールにもなります．ピザの宅配用に使っている事例もあります．パラフォイルやパラグライダーではフライト記録にも使っていますし，ハンディGPSによって互いに位置を確認しながらチーム力を競うような競技もはじまっていると聞きます．これからも次々に新しいアイデアが生み出さるのではないかと期待しています．

　このように宇宙の裾野が広がることは宇宙開発そのものにとっても有意義なものですし，毎日の生活を変革していく可能性を有しています．みなさんも何

か考えてみたらいかがでしょうか.

5.5 日本の宇宙開発と意思決定

　現在，日本の宇宙開発に関するトップレベルの意思決定は政府の宇宙開発戦略本部で行われます．宇宙開発戦略本部の本部長は総理大臣，関連各省庁の大臣がメンバーとして並んでいます．内閣の活動を支える内閣官房には宇宙開発戦略本部事務局が設置され，2013年現在，「はやぶさ」でおなじみの川口淳一郎教授（宇宙科学研究所）が事務局長を務めています．一方，実務を行う場である内閣府には，宇宙戦略室が設置され，宇宙開発利用の総合的かつ計画的な推進を図るための基本政策の企画立案と省庁間も含めた総合調整機能を担っています．内閣府は，これに加えて準天頂衛星の整備・運用も担っています．宇宙戦略室は官庁の組織ですので，ここに宇宙政策委員会という有識者からなる委員会が組織されており，そこで宇宙開発利用の政策，および経費の見積もり方針など実際の宇宙開発に関わる重要な議論が行われます．最終意思決定は宇宙開発戦略本部ですが，この委員会の議論の結果は宇宙開発戦略本部の決定と同様であると定められています．宇宙政策委員会の下には，調査分析部会，宇宙輸送システム部会，宇宙科学・探査部会，宇宙産業部会が設定され，それぞれのテーマについてさらに専門委員を加えて議論しています．これらの部会にはJAXA職員も参加しています．これら仕組みの模式図を **図 5.8** に示します.

　宇宙政策委員会が大きな方針を受けて，関係各省庁は通常のプロセスに従って概算要求方針を決め，財務省と予算の折衝を行います．JAXAは文部科学省の傘下にある独立行政法人ですので，JAXAの予算は文部科学省が財務省との交渉によって決まります．ただ，政府が宇宙開発戦略本部として決定した事項にはそれなりの影響力があります．つまり，宇宙政策委員会の決定は一定の影響力をもつといえます.

　JAXAの事業について，もう少し正確にいうと，文部科学省はJAXAの予算を要求し，監督する主務省だと定義されています．一方で，JAXAの事業に関係する省庁には，文部科学省以外にも，内閣府，総務省，経済産業省などが，ありますので，これらの省庁の大臣はJAXAの主務大臣として意見を述べることができます．直接に予算権限を持っているのは主務省，担当する事業を中心

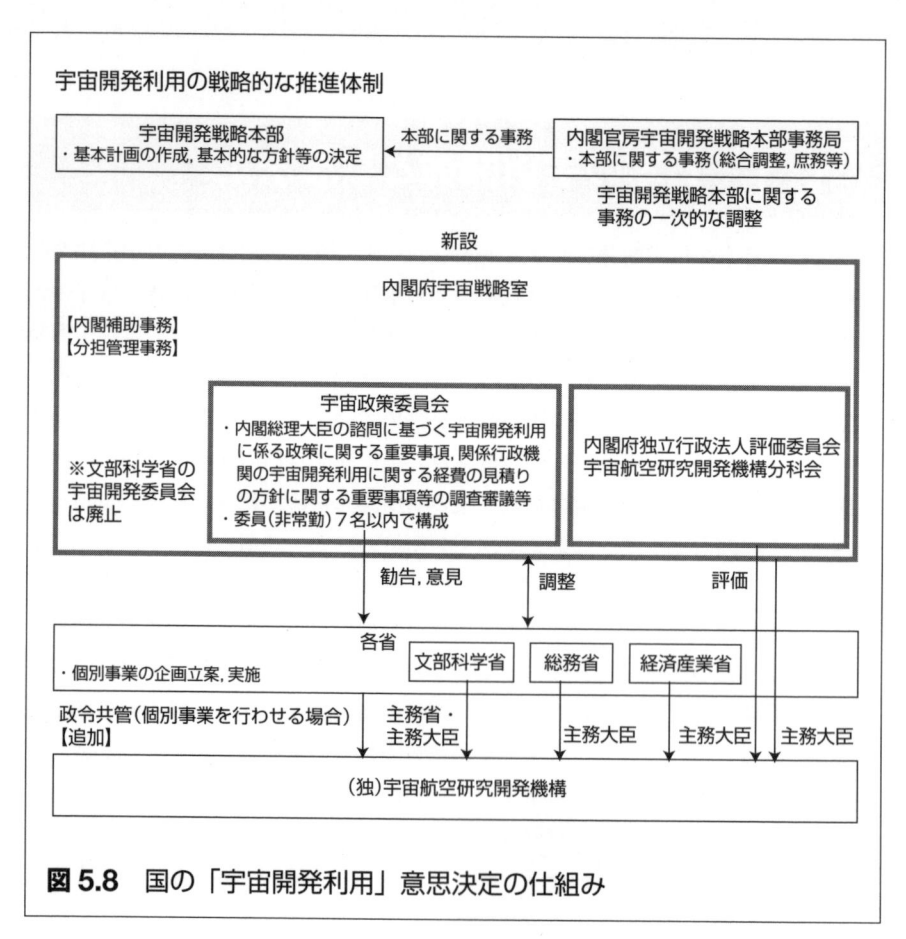

図5.8 国の「宇宙開発利用」意思決定の仕組み

に意見を述べられるのが主務大臣を有している省庁と考えていただくとわかりやすいでしょう．

　日本の宇宙開発の方向性を定める文書として，「宇宙基本法」があります．2008年に定められたこの法律には，日本の宇宙開発の理念や基本的政策が書かれています．これに基づいて5年ごとに「宇宙開発基本計画」が作られます．2013年8月現在最新のものは，2013年1月に宇宙戦略本部によって策定されたものです．そこには，「宇宙利用の拡大」と「自律性の確保」を2つの基本方針とし，「安全保障・防災」「産業振興」「宇宙科学等のフロンティア」の3つの重点施策を定義しています．いわゆるボトムアップ，競争の中からミッションが選定される宇宙科学・探査については，「宇宙利用の拡大と自律性の確保に

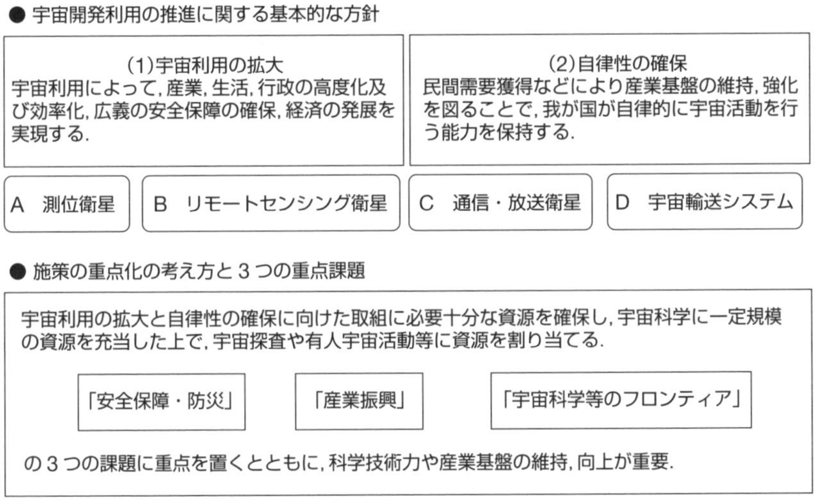

- 宇宙開発利用の推進に関する基本的な方針

(1)宇宙利用の拡大	(2)自律性の確保
宇宙利用によって,産業,生活,行政の高度化及び効率化,広義の安全保障の確保,経済の発展を実現する.	民間需要獲得などにより産業基盤の維持,強化を図ることで,我が国が自律的に宇宙活動を行う能力を保持する.

| A 測位衛星 | B リモートセンシング衛星 | C 通信・放送衛星 | D 宇宙輸送システム |

- 施策の重点化の考え方と3つの重点課題

宇宙利用の拡大と自律性の確保に向けた取組に必要十分な資源を確保し,宇宙科学に一定規模の資源を充当した上で,宇宙探査や有人宇宙活動等に資源を割り当てる.

| 「安全保障・防災」 | 「産業振興」 | 「宇宙科学等のフロンティア」 |

の3つの課題に重点を置くとともに,科学技術力や産業基盤の維持,向上が重要.

図 5.9 宇宙開発基本計画(2013年1月制定)

向けた取組に必要十分な資源を確保し,宇宙科学に一定規模の資源を充当したうえで,宇宙探査や有人宇宙活動などに資源を割り当てる」とされています.さらに具体的な施策として,測位衛星などや宇宙輸送からなる宇宙利用拡大と自律性確保を実現する4つの社会インフラと宇宙科学など将来の宇宙開発利用の可能性を追求する3つのプログラムを進めるとしています(**図 5.9**).

以上のように,宇宙基本法という大きな柱,その下で5年ごとに設定される宇宙基本計画,これらをもとに宇宙開発戦略本部において毎年の宇宙開発の計画や予算の考え方の概要が宇宙政策委員会のアドバイスのもとに決定されます.具体的な施策はそれを担う各省庁が概算要求と協議します.日本唯一の国の機関である独立行政法人宇宙航空研究開発機構(JAXA)は文部科学省がその事業内容,予算規模の責任を担っています.

おわりに

「平成25年8月のイプシロンの打ち上げにあわせて」という宿題をいただいたのが，本書の企画を相談した前年夏の終わりでした．そもそも研究者というものは，黙っていると期限ギリギリまで作業をしないものです．当然のことながら，年末あたりから編集担当者の督促がはじまりました．GWが近づいて，さすがに尻に火がつき，土日や海外出張先の夜などを利用して，各節を1つ1つ書き進めました．いろいろな作業が並行して進むという綱渡りの中で，何とか完成を迎えられたのは，編集担当の瀬戸晶子さんに負うところがまことに大です．執筆者の尻をたたくだけでなく，内容確認，文章修正などを驚くほどの馬力でやってくださった瀬戸さんでなければ，出版が1年以上遅れたことは間違いありません．イラストレーターの村山宇希さんには，「M-V（えむご）くん」（宇宙科学研究所のイベントに数年来登場してきた着ぐるみの1つ）をベースにしたイラスト内の「説明役」をはじめとして，非常に限られた時間の中で楽しいイラストをご用意いただきました．時間的制約と絵のイメージに関してたくさんの無理を聞いていただきありがとうございました．一般のイラストの大半は宇宙科学研究所藤井研究室の大学院生らが，土日や夜の時間を使って作成してくれたものです．特に寺門大毅くん，浅田健吾くん，焼野藍子さんらの協力には感謝の言葉もありません．いうまでもなく，研究室秘書の田村裕子さん，小柳真理さんの貢献も欠かせないものでした．本書は当初，JAXA産業連携センターの三保和之氏を含めた3名で書く予定でした．三保氏が多忙等諸事情で執筆に関われず，本人のご希望もあって著者からはずれることになりました．ただ，産業連携を記した5.4節は三保氏のドラフトをベースにしたものであることをここに記しておきます．書ききれない多くの方の助けもあって，出版を迎えることができました．ここに感謝します．

著者の2人は宇宙科学研究所が東京大学の付置研究所としてまだ駒場にあった1970年代に同じ建屋で研究した仲間です．いろいろなスポーツも一緒にやってきた仲で，幸いあうんの呼吸で本書を完成することができました．

宇宙を研究対象にしていると，「これができたら」という願望をもつことが頻繁にあります（Wish）．さらに，夢を描くように，そこに向かって具体的なイ

メージも膨らみます (Dream). でも，そこに留まっていたら何も起きません. 第一著者の研究室に飾ってあるパネル，"Wish it, Dream it, Do it" の最後の "Do it"，それこそが宇宙開発の醍醐味ではないかと思います. その一端を本書から知っていただけたら，著者として光栄です.

索 引

数字・欧文・記号

1 次電池　62
1 ビット通信　69, 113
2 次電池　62
2 段式ロケット　24
2 段燃焼サイクル　29
3 軸安定制御方式　71
3 段式ロケット　24
ALFLEX　149
AU　99
CAMUI ロケット　27
CFRP　10, 82
Curiosity　136
dB　36
DSN　111
G　49
GEOTAIL　119
GNSS　93
GPS　92
GTO　87
GX ロケット　142
H-ⅡA　10
H-Ⅲ ロケット　145
HEO　87
HGA　67
HOPE-X　149
HTV　77
HYFLEX　149
IKAROS　129
ISAS　59, 164
JAXA　59, 164
JAXA 相模原キャンパス　14, 119
LCO　128
LE-11　146
LE-5B　11
LE-7A　11
LE-9　146
LEO　87
LE-X エンジン　30
LGA　67
M-3SⅡ　33, 89
MEO　87
MGA　67
MLI　83, 132
M-V　10
NAL　59, 164
NASDA　59, 164
OME　111
Opportunity　136
OREX　149
OSR　85
PBS　144
RCS　72
Sprit　136
SRB　24, 25
SSTO　151
TSTO　151
V-2 ロケット　31
WG　130
μ10　123
μ20　124

あ行

アイソグリッド　13
アウトガス　82
亜音速　128
あかつき　59, 77
圧力波　45
アブレーション　127
アブレータ　127
アポジエンジン　101
アポロ 13 号　65
アルミニウム合金　15
アレイアンテナ　67
イオンエンジン　20, 121
IKAROS　129
石井翼　140
1 次電池　62
1 ビット通信　69, 113
イトカワ　74

イプシロン（ロケット） 10, 41, 142
インジェクター 11
打ち上げ射場 46
打ち上げ射点 38
内之浦宇宙空間観測所 47
宇宙開発基本計画 178
宇宙開発戦略本部 177
宇宙機 53
宇宙基本法 178
宇宙空間 23
宇宙政策委員会 177
宇宙船 53
宇宙戦略室 177
宇宙戦略本部 177
宇宙飛行士 25
宇宙ホテル 158
運動エネルギー 28
運動量保存の法則 5, 18
衛星 52
H-ⅡA 10
エキスパンダーサイクル 30
液体ロケット 10
円軌道 87
エンジン 11
煙道 41
おおすみ 47
音響振動 37
音響波 39
音響レベル 36

か行

加圧方式 28
回帰軌道 88, 94
会合周期 100, 103
回転速度 49
解離 126
ガガーリン 97, 147
科学衛星プロジェクト 130
化学推進 123
角運動保存の法則 73
火星推移軌道 111
火星探査航空機 137
火星探査ローバー 136
加速度 49

カプセル 104, 124
慣性航法 32
慣性モーメント 74
観測ロケット 152
基幹ロケット 166
キックモーター 119
軌道傾斜角 87
軌道投入 59
軌道の傾き 87
競争的資金 171
極軌道 92, 101
空気抵抗 4
空気翼方式 33
グーグル・ルナ・Xプライズ 158
空中発射方式 156
空力加熱 126
クラスターエンジン 25
クラスター方式 24
クロス運転 122
ケープカナベラル空軍基地 119, 121
ケネディ宇宙センター 48
光学的太陽光反射器 85
高軌道 87
恒星センサー 75
高張力合金 10, 15
公転エネルギー 120
公転速度 100
高利得アンテナ 67
抗力 2
小型ソーラー電力セイル 129
固体燃料 5, 11
固体補助ロケット 25
固体ロケット 10
コニカルノズル 36

さ行

サーマルブランケット 83
サーマルルーバ 86
再使用宇宙往還機 149
再使用ロケット 147, 149
再生冷却 30
サイドパネル 79
相模原キャンパス 14, 119
さきがけ 89, 117

作用・反作用の法則　1
酸化剤　27
3軸安定制御方式　71
3段式ロケット　24
G　49
GPS　92
質量比　20
ジャイロ　32
ジャイロスコープ　32
JAXA相模原キャンパス　14，119
集中電源系　110
重力　2
重力場　6
準回帰軌道　88，94
準天頂衛星　93
真空環境　82
人工衛星　52
推進力　5
すいせい　117
推力　2
推力偏向方式　33
スイングバイ　103，118
数値シミュレーション　38，41
スーパーコンピュータ　38，41
スタートラッカ　75
スピン安定制御方式　71
スピンオフ技術　174
スプートニク（1号）　97，147
スペースシップツー　155
スペースシップワン　151，155
スペースシャトル　28，104，147
スペースプレーン　151
スラスタ　76
スロート　9
静止軌道　91
静止トランスファ軌道　87
セル　60
遷音速　128
全地球測位システム　93
総合研究大学院大学　169
ソーラーセイル　129
ソーラー電力セイル　130
ソーラーパネル　58
ソユーズ　25

た行

ターボポンプ　11，29
第一宇宙速度　49，89
大気球　152
大気圏外　8
対地同期軌道　88
第二宇宙速度　89
太陽センサー　75
太陽電池パドル　58
太陽電池パネル　58
太陽同期軌道　88，94
太陽同期準回帰軌道　95
太陽フレア　71，112
楕円軌道　87
多層絶縁体　83
多段（2段，3段）ロケット　24
種子島　46
探査機　52
炭素系複合材料　16
炭素繊維強化プラスチック　16
弾道飛行　89，96
地球（対地）同期軌道　88
地球周回衛星　52
地球センサー　75
地球の回転速度　49
地球の重力圏　23
中軌道　87
中利得アンテナ　67
中和器　122
超音速　35
超軌道　125
ツィオルコフスキーの公式　21
通信可能範囲　67
低軌道　87
低利得アンテナ　67
デシベル　36
電気推進　123
電波航法　31
天文単位　58，67
電離　126
同期軌道　88，94
東京大学宇宙航空研究所　165
ドラゴン補給船　161

トランスファ軌道　101
トンネル微気圧波　45

な行

羅老宇宙センター　49
2次電池　62
2段式ロケット　24
2段燃焼サイクル　29
ニッケルカドミウム（ニッカド）　62
熱制御　55
燃焼室　11
燃料　27
燃料電池　64
ノーズフェアリング　8，9，14
のぞみ　107

は行

バイコヌール宇宙基地　48
ハイブリッドロケット　26
爆風圧　42
バス部　56
ハニカム（構造）　79
ハニカムサンドイッチ構造　13
はやぶさ　107
はやぶさ2　68
バルブ　11，78
ハレー彗星　117
ビーコンモード　112
ヒートパイプ　86
比強度　15
飛行機　1
比剛性　15
飛翔体　1
比推力　20，123
ひてん　118
ファルコン　154，159
ファルコン1　160
ファルコン9　161
フィルム冷却　30
複合材　16
プラズマ領域　108
プルーム音響　37，38
分散電源系　110
ペイロード　6

ペットボトルロケット　19
偏向板方式　33
ベントホール　9
保安距離　41
（固体）補助ロケット　24
補助ロケットブースター　10
ポスト・ブースト・ステージ　144
ボックス・ビーム構造　1
ポリイミドフィルム　83
ホワイトナイト　156
ポンプ方式　28

ま行

ミッション部　56
μ10　123
μ20　124
M-V　10
モーター　6
モーターケース　10
モバイル管制　143

や・ら・わ行

揚力　2，137
揚力係数　139
ライナー　10
リアクションホイール　72
リチウムイオン　62
レイノルズ数　139
ローバー　135
ロケット　4
ロケットノズル　34
ロケットフェアリング　37
ロケットプルーム　36
ワーキンググループ　130
惑星軌道　77

著者紹介

藤井 孝藏（ふじい こうぞう）

1980年　東京大学大学院工学系研究科航空学専攻博士課程修了
現　在　宇宙航空研究開発機構（JAXA）宇宙科学研究所 教授
　　　　JAXA 大学・研究機関連携室 室長
　　　　東京大学大学院航空宇宙工学専攻 教授（兼務）

並木 道義（なみき みちよし）

1968年　日本電子専門学校放送技術科 卒業
現　在　宇宙航空研究開発機構（JAXA）宇宙科学研究所 広報・普及係
　　　　宇宙教育センター 非常勤講師

NDC538　191p　21cm

絵でわかるシリーズ
絵でわかる宇宙開発の技術（うちゅうかいはつ ぎじゅつ）

2013年10月31日　第1刷発行

著　者	藤井孝藏・並木道義
発行者	鈴木　哲
発行所	株式会社　講談社
	〒112-8001　東京都文京区音羽 2-12-21
	販売部　（03）5395-3622
	業務部　（03）5395-3615
編　集	株式会社　講談社サイエンティフィク
	代表　矢吹俊吉
	〒162-0825　東京都新宿区神楽坂 2-14　ノービィビル
	編集部　（03）3235-3701
DTP	株式会社エヌ・オフィス
印刷所	株式会社平河工業社
製本所	株式会社国宝社

落丁本・乱丁本は購入書店名を明記の上、講談社業務部宛にお送りください。送料小社負担でお取替えいたします。なお、この本の内容についてのお問い合わせは講談社サイエンティフィク編集部宛にお願いいたします。定価はカバーに表示してあります。
© K. Fujii and M. Namiki, 2013

本書のコピー、スキャン、デジタル化等の無断複製は著作権法上での例外を除き禁じられています。本書を代行業者等の第三者に依頼してスキャンやデジタル化することはたとえ個人や家庭内の利用でも著作権法違反です。

JCOPY　〈(社)出版者著作権管理機構　委託出版物〉

複写される場合は、その都度事前に（社）出版者著作権管理機構（電話 03-3513-6969、FAX 03-3513-6979、e-mail: info@jcopy.or.jp）の許諾を得てください。

Printed in Japan
ISBN978-4-06-154766-7